A LIBRARY OF DOCTORAL DISSERTATIONS IN SOCIAL SCIENCES IN CHINA

中国社会科学博士论文文库

汉传因明的逻辑研究

Logical Study on Chinese Hetuvidyā

傅光全　著

导师　刘培育

中国社会科学出版社

图书在版编目(CIP)数据

汉传因明的逻辑研究 / 傅光全著. —北京：中国社会科学出版社，2022.1
(中国社会科学博士论文文库)
ISBN 978－7－5203－9638－7

Ⅰ.①汉… Ⅱ.①傅… Ⅲ.①因明(印度逻辑)—发展—研究—中国
Ⅳ.①B81－093.51

中国版本图书馆 CIP 数据核字(2022)第 014995 号

出 版 人 赵剑英
责任编辑 郝玉明
责任校对 张爱华
责任印制 李寡寡

出　　版 中国社会科学出版社
社　　址 北京鼓楼西大街甲 158 号
邮　　编 100720
网　　址 http://www.csspw.cn
发 行 部 010－84083685
门 市 部 010－84029450
经　　销 新华书店及其他书店

印刷装订 北京君升印刷有限公司
版　　次 2022 年 1 月第 1 版
印　　次 2022 年 1 月第 1 次印刷

开　　本 710×1000 1/16
印　　张 13.75
插　　页 2
字　　数 232 千字
定　　价 78.00 元

总　序

在胡绳同志倡导和主持下，中国社会科学院组成编委会，从全国每年毕业并通过答辩的社会科学博士论文中遴选优秀者纳入《中国社会科学博士论文文库》，由中国社会科学出版社正式出版，这项工作已持续了12年。这12年所出版的论文，代表了这一时期中国社会科学各学科博士学位论文水平，较好地实现了本文库编辑出版的初衷。

编辑出版博士文库，既是培养社会科学各学科学术带头人的有效举措，又是一种重要的文化积累，很有意义。在到中国社会科学院之前，我就曾饶有兴趣地看过文库中的部分论文，到社科院以后，也一直关注和支持文库的出版。新旧世纪之交，原编委会主任胡绳同志仙逝，社科院希望我主持文库编委会的工作，我同意了。社会科学博士都是青年社会科学研究人员，青年是国家的未来，青年社科学者是我们社会科学的未来，我们有责任支持他们更快地成长。

每一个时代总有属于它们自己的问题，“问题就是时代的声音”(马克思语)。坚持理论联系实际，注意研究带全局性的战略问题，是我们党的优良传统。我希望包括博士在内的青年社会科学工作者继承和发扬这一优良传统，密切关注、深入研究21世纪初中国面临的重大时代问题。离开了时代性，脱离了社会潮流，社会科学研究的价值就要受到影响。我是鼓励青年人成名成家的，这是党的需要，国家的需要，人民的需要。但问题在于，什么是名呢？名，就是他的价值得到了社会的承认。如果没有得到社会、人民的承认，他的价值又表现在哪里呢？所以说，价值就在于对社会重大问题的回答和解决。一旦回答了时代性的重大问题，就必然会对社会产生巨大而深刻的影响，你也因此而实现了你的价值。在这方面年轻的博士有很大的优势：精力旺盛，思想敏捷，勤于学习，勇于创新。但青年学者要多向老一辈学者学习，博士尤其要很好地向导师学习，在导师的指导下，发挥自己的优势，研究重大问题，就有可能出好的成果，实现自己的价值。过去12年入选文库的论文，也说明了这一点。

什么是当前时代的重大问题呢？纵观当今世界，无外乎两种社会制度，一种是资本主义制度，一种是社会主义制度。所有的世界观问题、政治问题、理论问题都离不开对这两大制度的基本看法。对于社会主义，马克思主义者和资本主义世界的学者都有很多的研究和论述；对于资本主义，马克思主义者和资本主义世界的学者也有过很多研究和论述。面对这些众说纷纭的思潮和学说，我们应该如何认识？从基本倾向看，资本主义国家的学者、政治家论证的是资本主义的合理性和长期存在的“必然性”；中国的马克思主义者，中国的社会科学工作者，当然要向世界、向社会讲清楚，中国坚持走自己的路一定能实现现代化，中华民族一定能通过社会主义来实现全面的振兴。中国的问题只能由中国人用自己的理论来解决，让外国人来解决中国的问题，是行不通的。也许有的同志会说，马克思主义也是外来的。但是，要知道，马克思主义只是在中国化了以后才解决中国的问题的。如果没有马克思主义的普遍原理与中国革命和建设的实际相结合而形成的毛泽东思想、邓小平理论，马克思主义同样不能解决中国的问题。教条主义是不行的，东教条不行，西教条也不行，什么教条都不行。把学问、理论当教条，本身就是反科学的。

在21世纪，人类所面对的最重大的问题仍然是两大制度问题：这两大制度的前途、命运如何？资本主义会如何变化？社会主义怎么发展？中国特色的社会主义怎么发展？中国学者无论是研究资本主义，还是研究社会主义，最终总是要落脚到解决中国的现实与未来问题。我看中国的未来就是如何保持长期的稳定和发展。只要能长期稳定，就能长期发展；只要能长期发展，中国的社会主义现代化就能实现。

什么是21世纪的重大理论问题？我看还是马克思主义的发展问

题。我们的理论是为中国的发展服务的，绝不是相反。解决中国问题的关键，取决于我们能否更好地坚持和发展马克思主义，特别是发展马克思主义。不能发展马克思主义也就不能坚持马克思主义。一切不发展的、僵化的东西都是坚持不住的，也不可能坚持住。坚持马克思主义，就是要随着实践，随着社会、经济各方面的发展，不断地发展马克思主义。马克思主义没有穷尽真理，也没有包揽一切答案。它所提供给我们的，更多的是认识世界、改造世界的世界观、方法论、价值观，是立场，是方法。我们必须学会运用科学的世界观来认识社会的发展，在实践中不断地丰富和发展马克思主义，只有发展马克思主义才能真正坚持马克思主义。我们年轻的社会科学博士们要以坚持和发展马克思主义为己任，在这方面多出精品力作。我们将优先出版这种成果。

李铁映

2001 年 8 月 8 日于北戴河

序

傅光全博士日前告诉我，他的博士学位论文《汉传因明的逻辑研究》经过修改后，中国社会科学出版社定于2022年年初出版，我听了非常高兴！光全希望我为他的书写序，我愉快地答应了。

2008年，中国社会科学院制定学科发展规划，把因明列入首批需要抢救的绝学学科，给予政策支持。我被确定为因明学科的学术负责人。傅光全是我招收的第一位研究因明的博士研究生。在讨论研究方向时，我们选定为“汉传因明的逻辑研究”，一是因为这个课题在因明学中比较重要，既具有理论意义，又有实践价值。二是光全有很好的逻辑素养。光全经过三年的刻苦钻研，毕业时交出了一份比较满意的“答卷”。在毕业论文答辩会上，答辩委员会专家一致给其毕业论文评为优秀。此后，中国社会科学院研究生院哲学系和研究生院在评审时，也都给光全的毕业论文评为优秀。我还因此荣获了中国社会科学院研究生院颁发的导师荣誉证书和奖金，谢谢光全！

《汉传因明的逻辑研究》一书在讨论汉传因明的逻辑研究之前，先对因明的起源，汉传因明的形成及内涵、逻辑观等谈了作者的看法。本书重点梳理了汉传因明发展史，特别是近百年来汉传因明研究的逻辑转向，总结出几种有代表性的逻辑范式，并且一一做了评述。既肯定各种逻辑范式取得的成果，也指出其存在的问题，有的还提出了解决问题的办法。本书最后对汉传因明逻辑研究的未来发展进行了展望。作者尝试性地讨论了汉传因明形式化的可能性和恰当性问题，认为汉传因明形式化在理论上和实践上都是可能的，也是恰当的。汉传因明与溯因推理结合的形式化，可能是最值得期待的一种方向。同时，作者预期汉传因明与非形式逻辑可以联动。非形式逻辑为汉传因明提供新的理念和方法，汉传因明为非形式逻辑提供一种现实的、成熟的模版。

我觉得《汉传因明的逻辑研究》一书观点鲜明，论证有据，有新意，值得一读。光全说，书中还有很多不足，希望因明学界各位老师和朋友多多指正。我殷切期望光全以后在因明研究方面不断取得新的成果。

中国社会科学院哲学研究所
刘培育研究员
2021年3月11日

摘　要

因明不是逻辑，至少在本书中，前者指对象理论，后者为元理论。因明的本义是关于因的学问，亦可解读为关于充足证据的学问。汉传因明为因明的一个子类，其最大特质在“汉”，概指汉民族、汉文化、汉语言等。今取汉语言，汉传因明由此而解读为以汉语言作为载体的因明。因此，汉传因明实指以汉语言为载体关于因的或充足证据的学问。

汉传因明至近现代才成为一个开放的体系，因不断容纳或吸收各种新元素、新方法、新理论，从而呈现出研究的对象、范围、成果递增的趋势，体系也更趋完整和系统。逻辑则早已是一个开放的体系，至近现代其分支越来越多，研究方法和理论也越来越丰富，应用范围也越来越广。以汉传因明为对象进行的逻辑研究被称为汉传因明的逻辑研究，其主要的模式有两种：一是比较模式；二是阐释或解读模式。在两种模式下，业已形成三种主要的学说，分别为演绎归纳说、归证说和类比说。它们代表了百年来中国学者汉传因明研究的主要成果，是以逻辑为元理论或工具研究的产物。

形式化是形式逻辑长期发展的产物，也是形式逻辑发展已达极致的标志。非形式逻辑是新近发展起来的一门学科，研究内容或研究对象方面与形式逻辑形成互补。以形式化方法研究汉传因明，将非形式逻辑与汉传因明进行比较研究，前者早已存在但有待深化和完善，后者虽刚起步却潜力无限。

基于前人的研究，也基于个人的认知，本书首先从起源、视角、内涵、范式等方面解答了何为汉传因明以及如何研究它的问题。其次，归纳和总结了百年来中外学者以传统逻辑和现代逻辑为工具研究汉传因明的得与失。在此基础上，依照传统方式论证了汉传因明形式化的可能性及其理论意义，并从溯因推理的角度探讨了汉传因明形式化于人工智能的意义。最后，结合非形式逻辑国内外研究的代表性成果，探讨了它与汉传因明在实践品性上的相近，以及在论证、谬误等研究上的交集。在一定程度上，厘清了二者在历史起源、发展形态、主要功能、基本内容以及主要理论等方面的差异。最终就二者可能的联动做了两个维度的展望：第一，互为研究对象；第二，相互促进，即非形式逻辑为汉传因明提供新的视野、新的理论和方法，后者则为前者提供一种历史的、现实的理论和方法论模版。

关键词： 汉传因明；逻辑研究；三种学说；形式化；非形式逻辑

Abstract

In this book, Hetuvidyā will not be viewed as a branch of logic but only an object theory, and logic will be viewed as a meta-theory which could be used to study Hetuvidyā. The essence of Hetuvidyā is about cause or sufficient evidence. As a branch of Hetuvidyā, the characterization of Chinese Hetuvidyā, is those Chinese elements, especially those elements of Han nationality, such as the culture and language of Han nationality. Therefore, we could say that Chinese Hetuvidyā is developed via the support of the language of Han, more exactly, it is a theory about cause or sufficient evidence via the carrier of Han' language.

Early modern, Chinese Hetuvidyā became an open and more completed theory, which presented a tendency about the rise of research subjects, research scope and achievements because of the incorporation of new elements, new methods and new theories. By contrast, logic is a much more open theory which has more branches, research methods, subjects and applications. There are mainly two kinds of research modes in those logical researches about Chinese Hetuvidyā, namely comparison and explanation. Under these two kinds of research modes, there are three primary theories which are deduction and induction, GuiZheng theory and analogy respectively. These three theories are the primary achievements of these Chinese researchers of Chinese Hetuvidyā with the tool of logic.

By contrast with the long history of formal logic, informal logic is a new member of logic, which has some different research subjects and methods from formal logic. What I will do is to deepen and perfect some formal researches about Chinese Hetuvidyā, and construct a comparison with informal research and Chinese Hetuvidyā.

There are mainly three parts in thisbook. In the first part, the concept and research method of Chinese Hetuvidyā will be presented from different aspects. In the second part, based on the summarization of these researches about Chinese Hetuvidyā in recent 100 years via the tools in traditional logic and modern logic, I will show the possibility and meaning about the formalization of Chinese Hetuvidyā with the persist of traditional way of argument, especially the meaning for AI from the aspect of abductive reasoning. The final part is about the comparison with Chinese Hetuvidyā and informal logic from the aspect of argument, fallacy and so on. I will give some differences between Chinese Hetuvidyā and informal logic in historical origin, the mode of development, main function, elementary contents and primary theories. After this work, I will give two possible prospects: (1) being the research subject of each other and (2) promoted by each other, that is informal logic give new ideas, theories and methods for Chinese Hetuvidyā and Chinese Hetuvidyā give a historical actual theory and mode of methodology for informal logic.

Keywords: Chinese Hetuvidyā; logical study; three theories; formalization; informal logic

目　录

Contents

绪　　论

一　论题缘起

汉传因明是中国因明的一个重要组成部分。当汉传因明成为一个研究对象时，什么是汉传因明或者汉传因明是什么也就成为一个必须回答的基本问题。自玄奘以来，无数僧俗学者所做的工作都可视为对此问题的解答。无疑，不同时代、不同学者所给出的答案是不一样的。

清末民初以来，逻辑的第三次传入以及日本研究成果的介绍极大影响了中国学者对汉传因明的研究。其中，汉传因明的逻辑研究逐渐成为中国学者的一种重要范式。1896 年以降，百年来中国学者在此范式下的研究取得了一定的成就。然而，与国外的同类研究相比，中国学者的研究特色体现在哪里？于此问题，国外学者难以回答，国内学者亦不一定完全了然。因此，对该范式下中国学者百年来所取得的成果，应该有一个系统的归纳和总结。在与国外同类研究比较的基础上，针对该范式下国内研究的局限或不足，我们也应做全面的反省。倘若能准确界定中国学者百年来在此方向上的研究成就，无疑是一件极其有意义的事。

长期以来，传统逻辑观制约了人们的研究广度和深度，现代逻辑的理论和方法直至 20 世纪七八十年代才逐渐为中国因明学者所借重，在这方面的研究中真正有成就的学者还很少，有价值的成果也不多。相对于日本以及西方学者，中国学者对汉传因明的现代逻辑研究是滞后的。

形式化是形式逻辑由传统向现代转换的一个主要标志，也几乎是数理逻辑或符号逻辑方法论的代名词。自莱布尼茨以来，它一直是数学家、逻辑学家所期待的一种理想工具。布尔、弗雷格、罗素等近现代学者的工作使形式化得以真正登上历史的舞台，哥德尔、图灵等学者卓越的工作一方面给了人们对于形式化前景无限的希望；另一方面通过界定形式化的局限性让人们回归理性。但不管怎么样，形式化已经在数学、自然科学、语言学、哲学以及人工智能等领域被广泛应用。

显然，就西方逻辑而言，形式化并不是一个时新的话题。但对因明来说却并非如此。就汉传因明而言，目前国内学界在这方面的研究，主要触及佛学、认识论、哲学以及语言学等方面。尽管中国学者长期以来沿着西方逻辑方向对汉传因明展开了很多研究，但它们大都聚焦于因明的逻辑性质方面。最常见的是将三支论式和三段论式进行对比，借助外延理论对因三相原理进行分析，以证明因明的合逻辑性及其特异性。

形式化方法的使用在人们将因明三支论式符号化时即已开始，但对于形式化本身的了解却少之又少。从这个意义上来说，尽管在要求不那么严格的情形下，国内学者实际上早已受到了形式化的影响，也早已开始使用这种方法。但由于缺乏这方面足够的知识，致使相当长一段时期内人们只是在非自觉地使用形式化方法。因此，期待这方面的研究有多少成果和突破是不现实的。实际情况也表明，相对于国外的同类研究，中国学者在汉传因明的形式化研究方面依然显得薄弱。从严格的意义上说，相关的论文、专著数量极少。这与早已兴起且至今尚未衰竭的形式化思潮是不相称的。因此，本书期待在总结前人相关研究的基础上能在这方面有所突破。

非形式逻辑（Informal logic）被国际公认为是 20 世纪六七十年代以来在北美地区兴起并逐渐扩展到全球范围的一个逻辑新分支，它于 1984 年在我国首次出现，1991 年后才逐步为国内学者所了解。尽管阮松、武宏志等学者为非形式逻辑在中国的传播和研究做了很多宣传、介绍以及实质性的研究工作，但相比于逻辑学家族中的其他成员，非形式逻辑无疑还是新面孔。不过，非形式逻辑崭新的观念对中国逻辑学界的影响却不可忽视，尤其是对于中国古代名辩学以及源于印度的因明学研究有着很重要的启示作用。目前国内学界倾向于认为非形式逻辑与中国古代名辩学和汉传因明有着更多的相通之处。在应用非形式逻辑的方法和理论解读中国古代名辩学方面，已经有不少学者展开了研究。但对非形式逻辑与汉传因明的比较研究，或者以一方为元理论另一方为对象理论的研究，从已发表的论文来看，寥寥无几。该事实表明，这方面的研究目前还处于起步阶段，亟须加强。总之，非形式逻辑与汉传因明的比较研究是一个非常值得深入的研究方向，即便我们现在尚难真正明确其所有的理论意义和实践意义。

二　因明观与汉传因明研究

昙无谶第一次将“因明处”带入汉语体系并没有引起什么反响，这或许是人们常常遗忘他的原因。玄奘则不仅（第二次）将“因明处”带入汉语体系，还带来了“因明”及其名下的新体系。如果暂时不考虑和藏传因明的区分，而仅考虑到“因明”一词主要应用于汉语体系的实际情形，则将因明视为汉传因明亦未尝不可。从历史发展的过程看，在玄奘及其弟子的时代，汉传因明体系完成了从无到有，再从有到成熟的转变。但此后直至清末一千多年的时期内，除了义净时代稍有不同外，该体系就一直以一种若隐若现的方式存在，不仅没有任何完善，反而表现出明显倒退的迹象：因明原本①、唐朝疏解的佚失，研究范围的萎缩，研究者寥落晨星，等等。因此，当我们谈论清末民初之前的汉传因明时，除了玄奘及其弟子时代的因明，基本上没有什么可谈的。如果将那一时期的汉传因明称为奘门因明，应该是可行的。

1896 年杨文会于南京创立金陵刻经处，并开始刊印窥基的《因明大疏》，学界视其为汉传因明再度复兴的标志。自那时起，汉传因明研究呈现出前所未有的繁荣景象。相对于之前汉传因明所经历的漫长的冷寂期，1896 年至今百年来汉传因明所遭受的一些波折根本就算不了什么，我们完全可以将这一时期汉传因明的研究当成一个整体来理解。为方便起见，我们不妨称之为近现代的汉传因明。显然，无论是体系规模、语言形式、研究方法、研究视野还是研究成果，这一时期的汉传因明都较奘门因明有了质的和量的飞跃。如此，我们就有了两个阶段的汉传因明。显然，对什么是汉传因明的解答，这种关于其历史形态的界定只是完成了第一步工作。不过，它足以作为我们此处谈论因明观的基础。

无疑，两个历史阶段的汉传因明的内涵和外延都不一样。从研究内容看，玄奘确定了第一阶段的因明格局，即以立破为中心展开。因而，论式或比量式成为那一时期因明研究的焦点之一。这不仅成为很长时期内因明研究的主旋律，而且也是近现代学者研究的重点之一。如果仅从这个特点

① 此主要指义净所译的《集量论》。

上看，我们可以认为汉传因明是研究立破的学问。但从近现代大大拓宽的因明体系看，立破只是其中的一部分。将量论或知识论纳入汉传因明研究的范畴，与其说是受到《集量论》本身内容的影响，倒不如说是受到藏学者以及像舍尔巴茨基这样的西方学者的影响。或者从因明在中国的存在形态来说，汉传因明受到了藏传因明的影响。毋庸置疑，今天的很多学者会赞同将知识论部分纳入汉传因明的范畴。考虑到比量和现量的关系，特别是它们与知识确定性的关系，这种做法是无可非议的。只是需要注意的是，如果不是出于交流的目的，并没有必要将因明的术语体系替换为西方的逻辑或知识论的体系。除非我们有足够的理由认为因明的术语体系已经过时，或者已经丧失了自我解释力，或者已经丧失了活力，作为一种独立发生、发展的体系，理应保持其基本的形态，而术语正是其标志。实际上，支持该观点的不限于东方学者（如中国、日本等），在 20 世纪就有不少西方学者表达过这种观点，从他们对维迪耶布萨那的批评中就可以看到这点。不过，令人奇怪的是，来自印度本土的学者似乎并不很坚持这点。

然而，坚持维护或保留因明的本色并不意味着因明将成为一个封闭的系统。近现代的因明研究能取得如此巨大的成就，一个重要原因就是因明走出了佛教的殿堂，不再是佛教的私有工具。这足以说明，今天的汉传因明要继续取得进步，其体系必须是开放的。毫无疑问，保持特色与开放并不相违。而且，汉传因明未来的发展将取决于这种因明观。

三　逻辑观与汉传因明研究

理论上，以逻辑名义对汉传因明所做的任何研究都是本书的讨论范围。但何为逻辑？如果不对“逻辑”的论域进行适当的限定，则我们可能因范围过于宽泛而无法讨论。而如果所限论域过窄，则很可能将引发无止境的、不必要的争论。大多数因明学者并不介意其研究被视为多维度的、多功能的，但很介意是否是逻辑的说法。例如，若像霍韬晦曾经做过的那样，将逻辑限定为演绎逻辑（或形式逻辑）范畴①，则意味着将李润

① 参见霍韬晦《佛教逻辑研究》，高雄：佛光出版社 1979 年版。

生等人从归纳逻辑的角度将汉传因明的研究排除在外①。甚至我们不能讨论近现代的中外学者对因明所做的归纳研究，这意味着对因明论式的演绎归纳说只能保留演绎的部分。若将“逻辑”的论域定为演绎和归纳两部分，则无疑将越来越多的自认为在从事汉传因明非形式逻辑研究的学者拒斥于逻辑的门外，这可能将引发更大的争论。

实际上，无论我们怎样定义逻辑都很难得到所有人的认可，因为过宽或过窄的定义都有其弊端。而且，真正的问题并不在于如何定义上，而是不能容忍异己的逻辑观，或者说自认为持有一种比别人更高贵的逻辑观，这才是导致争论的一个主要原因。而且，令人奇怪的是，这种争论竟然无视理性。或许，处于这种争论中的人们，早已忘记了逻辑曾被当作理性的代名词。值得一提的是，大逻辑观的提倡者似乎向人们展示了一种宽容原则，它至少为我们减少争论带来了希望。不过，这种宽容并不意味着能够原谅一些明显的错误，例如，据因明之理否定逻辑之理，或者相反。

大逻辑观的宽容原则无疑更有益于客观对待前人的工作，受此影响本书并未设定一种用以评价汉传因明逻辑研究的固定标准。但指明相关研究中所包含的逻辑成分以及研究者所持有的逻辑观，从研究者本身的逻辑出发做出适度的评价，这就是本书所持的逻辑立场。

四 内容梗概

关于什么是汉传因明的问题，我们首先可以立足于因明本体做出回答，即从汉传因明的起源和发展、创始者以及后继的研究者、主要内容、基本功能以及主要的研究范式等方面找到答案。

第一章所要解决的正是这方面的问题。更具体地说，首先通过因明起源问题探微来明确“因明”及其原语之由来、诞生的时间、使用或发明等方面的情况，其次通过探讨玄奘的学识、对因明的译讲等明确汉传因明的起始形态及其历史格局，再通过对因明在中国的两个主要阶段的基本形态来界定汉传因明的内涵和外延，最后通过五种范式来了解汉传因明研究

① 参见李润生《因明“相违决定”的批判》（节选），载张曼涛主编《佛教逻辑与辩证法》，台北：大乘出版社 1978 年版。李润生从所谓概率的角度考察比量的有效性以及相违决定，都可视为在做归纳的研究。

历史以及可能的研究方向。

第二、三、四章主要考察了百年来中国学者在汉传因明逻辑研究方面所取得的成就与不足，其中的重点是中国学者的研究。具体而言，第二章结合两种逻辑模式，针对三个不同时期中国学者所做的汉传因明研究进行了梳理和评价。第三章重点分析和比较了汉传因明逻辑研究的三种学说（即演绎归纳说、归证说以及类比说），并结合第二章的内容进行了总评，指出了中国学者在汉传因明研究方面的优势与劣势、成败得失。第四章沿形式化的角度考察了百年来中国学者对汉传因明的研究，并结合溯因推理探讨了汉传因明形式化研究的可能性，进而从形式化理论和方法的角度探讨了汉传因明形式化的可能性和理论意义。

第五章首先考察了非形式逻辑发生发展的历史形态，分析了非形式逻辑的基本概念，就其与汉传因明的同异性进行了比较，探讨二者之间可能的联动。

第六章则主要以舍尔巴茨基、沙耶尔、斯塔尔、查特吉等西方学者为代表，考察了他们在以形式逻辑研究因明方面所取得的成果及不足，特别比较了中外学者在同类研究上所出现的相似与分歧。

第七章针对前面的研究做了一个回顾，并简要介绍了本书的主要创新之点和不足，最后就未来进一步的研究做了适当的预期。

第一章

汉传因明概述

汉传因明由玄奘而起，自“二论”（《因明正理门论本》《因明入正理论》）问世以来[①]，迄今已近一千四百年的历史。然而，关于该门学问依然有诸多的问题尚未解决。譬如，因明原语的起源、玄奘与法称的关联、在印期间参与无遮大会上所持之论、“三论”（《会宗论》《制恶见论》《三身论》）之原本等。同样，也有许多问题需要重新审视，譬如，玄奘的因明观及其对因明的贡献等，汉传因明的现代定义、研究范式等。

针对这些问题，本部分拟沿“因明”之源起、玄奘与汉传因明、什么是汉传因明、汉传因明的研究范式四个部分展开探讨，旨在呈现汉传因明的真实面貌。

第一节　“因明”之源起

用“佛教逻辑”（“佛家逻辑”“印度逻辑”“正理”）代替“因明”，是当今学界的一种流行做法。但本书将采用后一种称呼，一是遵循“因明”已被使用一千多年的历史传统，二是与本书的标题一致。

所谓“因明”的起源问题实际涉及名称的起源与内容或理论的起源两个方面。具体言之，它涉及“因明”（名称和内容）始于何时、始于何处、如何产生、最早的使用者或发明者是谁以及该学问或学科产生的背景如何等一系列问题。因明学界已就某些问题达成一定的共识，譬如“因明处”最早出现在《瑜伽师地论》中，后来简称为“因明”，“因明”是

① 玄奘译本的真正名称是“因明正理门论本”，而不是“因明正理门论”，后者实际上是义净使用的书名。人们常常在实际使用上时忽略这点。

梵语“Hetuvidyā”的意译，最早由玄奘通过翻译引入汉语体系，“因明”是佛家的专用术语，等等。然而，这些共识是如何形成的？它们都能成为定论吗？共识之外有何新的发现？诸如此类的疑问成了本部分再论起源问题的主要诱因，而部分学者所提出的一些质疑也为本书之再论提供了另一种理由。

为了明确接下来要做的工作，也为了澄清人们以往的含混，我们首先将所要探讨的问题具体化为两个，即（1）汉语名称“因明”始于何时？（2）“因明”所对应的梵语名称始于何时？然后，以这两个问题为主线，探讨上文提及的其他相关问题。

一　汉语名称的起源

首先看第一个问题。就今天所能查阅到的早期汉文资料而言，“因明”一词的出现有三种情况：一是只出现在正文中，如《大唐西域记》《瑜伽师地论》《集量论》以及若干关于玄奘的传记等；二是未出现在正文而只出现在标题中，如“二论”；三是既出现在标题中，也出现于正文中，如《因明入正理论疏》等各类唐疏。这三种出现既可反映“因明”一词在早期被使用的情况，也可显示该词产生的原因，还能提供关于起源时间方面的一些信息。

据史料记载，玄奘在公元646年开始组织翻译《瑜伽师地论》（下文简称《师地论》），《大唐西域记》（下文简称《记》）的成书时间则为公元646年（即贞观二十年）。① “因明”一词在《记》中有多处出现，譬如“妙极因明，深穷异论”② 等。

在《师地论》有“云何因明处?”③ 的说法。有的学者将该论的“因明处”直接简称为“因明”，尽管他们未做解释或所做解释不详，但学界似乎已接受了这一说法。④ 这且不管，现在的问题是，《记》中的“因明”与《师地论》中的“因明处”哪个出现得更早呢？根据上述时间推断，玄奘在《记》中述及“因明”一词的时间肯定早于公元646年。再

① 参见杨廷福《玄奘年谱》，上海古籍出版社2011年版。

② （唐）玄奘：《大唐西域记》，章撰点校，上海人民出版社1977年版，第266页。

③ ［印度］弥勒：《瑜伽师地论》卷十五，载《大藏经》，（唐）玄奘译，第13册，第356页。

④ 参见释水月、许地山《古因明要解　陈那以前中观派与瑜伽派之因明》，中华书局2006年版。

据杨廷福的考证，公元645年，唐太宗于洛阳接见玄奘时，曾敕令其撰写《记》。[①] 既为皇令，故玄奘很可能于受命之当年即开始写《记》。如此，则“因明”于该书中之出现极可能早于《师地论》开始翻译的时间，故可认为，“因明”一词更早出现在《记》中而不是《师地论》中。至于“二论”，则更晚出（分别译于公元647、649年）。因此，除非出现新的可靠证据，否则我们当可依照上述材料做如下判断：（1）“因明”一词最早出现在《记》中，正式问世时间为公元646年7月，最早的翻译者或使用者是玄奘；（2）“因明处”最早出现在《师地论》中，正式问世时间为公元649年。

然而，可推翻（2）的新证据的确出现了，它实际上早在玄奘生前即已存在，只是人们没有注意它而已。具体地说，若论“因明处”的最早出处，则并不在人们所公认的《师地论》中，而是在北凉时期昙无谶翻译的《菩萨地持经》中。[②] 这个证据不仅将在后文探讨“因明”原语起源问题时发挥重要作用，而且也迫使我们将之前的说法修正为：（3）“因明处”最早出现在《菩萨地持经》中，昙无谶是该词最早的翻译者或使用者。

虽然有点意外和不习惯，但这并不影响我们对玄奘的崇敬之情，因为不仅（1）依然成立，而且因明这门学问是通过他才在中国（包括日本等国）流行开来的。特别地，对于要继续探讨的因明起源问题，玄奘的作用是昙无谶无法替代的。

那么，我们以往是依据什么来判断“因明”一词就是玄奘根据Hetuvidyā翻译而得到的呢？这个问题在玄奘时代或梵、汉资料皆保存完整的时代或许不会成为问题，但对于那些处于资料（尤其是梵文资料）佚失殆尽的时代（例如现代）的学者来说，它成了一个需要考证的问题。本书无意复原所有前辈学者详尽的考证过程（假如有的话），只想针对解决问题的一些重要证据及基本论证做简要分析。

众所周知，窥基的《大疏》中关于“醯都言因，费陀云明”[③] 的记载，一直是后世学者进行相关推断的重要依据。具体而言，人们由“醯

---

① 参见杨廷福《玄奘年谱》，上海古籍出版社2011年版。“敕令”之事另见（唐）慧立、彦悰《大慈恩寺三藏法师传》，孙毓棠、谢方点校，中华书局1983年版。

② 参见［印度］弥勒《菩萨地持经》，载《大藏经》，（北凉）昙无谶译，第30册。

③ （唐）窥基：《因明入正理论疏》上卷，《大藏经》，第44册，第92页。

都费陀”是音译[①]、“因明”是意译推断出：“因明”所对应的梵语为“Hetuvidyā”，“因明”一词源于对梵语“Hetuvidyā”的翻译。又由窥基受学于玄奘的事实，进一步推断“因明”一词最早由玄奘根据梵语“Hetuvidyā”翻译而得。这本是窥基为了“解题目”[②]而特做的说明，无意中却成为我们今天做出上述一系列推断的重要依据。但不管怎样，大多数学者对这些推断是深信不疑的。

不过，大多数人的共识并不一定就是真的。因此，我们也应该注意那些反对或者相异的意见。譬如，宇井伯寿在其著作中曾提及，根据《至元法宝勘同总录》的记载，“因明”一词在梵语中可能还对应于“达拉迦”（tarka）[③]。而宋立道不仅推测“因明”这个名称由玄奘发明，而且怀疑其相应的梵语“hetu-vada”也是由玄奘或其弟子窥基发明。[④]前一种说法已被宇井伯寿自己的分析否定，即“达拉迦”（tarka）是对照藏文本而不是梵文本音译的结果，故不会是“因明”一词所对应的原语。[⑤]后一种看法则值得仔细推敲。那么，宋立道的揣测和质疑究竟是怎么产生的呢？他并未明言，我们只好推测其怀疑可能具有的证据。

窥基并未指明“Hetuvidyā”语出何处，吕澂认为玄奘给《入正理论》和《正理门论》的题目添加了“因明”二字。[⑥]这两则事实似乎给宋立道的怀疑提供了支持：既然“二论”标题中的“因明”是玄奘添加的，那么它也可能是玄奘创造的，而窥基在《大疏》中的记载的梵语音译也有同样的嫌疑。然而，这种猜测或质疑立即遭到了反驳。首先，吕澂的说法不见得就是定论，即便是定论，也不足以证明玄奘师徒创造了“因明”及其梵文原语。其次，昙无谶、玄奘译著中的“因明处”显然源于翻译。再者，吕澂的《集量论略抄注》以及法尊的《集量论略本》中的“因明”一词虽然译自藏文本，但它们毕竟也是翻译的结果。另外，杨化群

---

① 今天一般改用“希都费陀”作为它的音译。

② （唐）窥基：《因明入正理论疏》上卷，第92页。

③ ［日］宇井伯寿：《陈那的因明》，沈剑英译，载《佛家逻辑丛论》，甘肃民族出版社2011年版，第304—305页。

④ ［英］亚瑟·柏林戴尔·凯思：《印度逻辑和原子论》，宋立道译，中国社会科学出版社2006年版，“译者的话”第5页。

⑤ ［日］宇井伯寿：《陈那的因明》，沈剑英译，载《佛家逻辑丛论》，第305页。

⑥ 参见吕澂《因明入正理论讲解》，张春波整理，中华书局1983年版。

提供的来自藏语文献的证据也支持了“翻译论”。[①] 如此看来，宋立道的质疑是经不起推敲的。不过，该质疑仍有一定的积极意义。它促使我们重新审视之前的共识，这就有可能衍生出一些新的东西。

譬如，前面提到的吕澂的观点就值得我们重新审视。他认为，《因明入正理论》书目标题中的“因明”一词是由玄奘加上去的，梵文原本的标题中没有与之相应的梵语，玄奘此举的目的是标明这是因明类的书。[②] 宇井伯寿根据现存藏译本的记载也提供了支持性的论证[③]，因而吕澂观点的可信度比较高。但不可否认的是，依然存在一些需要进一步解释的问题，譬如，为何如此重要的添加在唐疏中未有人提及？如何解释在义净的译本标题中也出现了“因明”二字？藏本论题“量论入正理论”之“量论”是否是藏人添加上去的？[④] 另外，杨化群曾经想对吕澂的观点证伪的那篇论文，尽管其论证相当成问题，以至于难以采信，但也引发了另一种质疑，即《入正理论》现存的梵文本是否同于玄奘时代的梵文本？

如此看来，除了“因明”一词源于翻译的说法比较可靠外，我们尚无十足的把握断定它就是源于对“Hetuvidyā”的翻译，除非我们完全相信窥基的记载。为稳妥起见，我们将之前的说法留有余地地调整为：玄奘曾将“Hetuvidyā”或别的什么翻译为“因明”。

二　“因明”原语的起源

再来看第二个问题。有的学者认为，在所有佛典中，最早出现“因明”的当属《师地论》[⑤]，弥勒是该词的最早使用者或发明者。长期以来，因为能否定它的新证据一直未被发现，所以这个观点逐渐成为汉学界的共识。

然而，现在的情况有点不一样。上文提到，昙无谶所译的《菩萨地持经》中的“因明处”，是最早出现的汉语名称。实际上，“因明处”所对应的原语正是目前能确定的最早出现的梵语名称。由此可以证明，如果

① 参见杨化群《为“因明”一词翻译的辩解——兼论藏文文献分类中的一个观点》，《西藏大学学报》（社会科学版）1993 年第 3 期。

② 参见吕澂《因明入正理论讲解》，张春波整理，中华书局 1983 年版。

③ ［日］宇井伯寿：《陈那的因明》，沈剑英译，载《佛家逻辑丛论》，第 305 页。

④ 吕澂：《因明入正理论讲解》，张春波整理，第 4 页。

⑤ 相关的考证可参见释水月、许地山《古因明要解#陈那以前中观派与瑜伽派之因明》（中华书局 2006 年版），此处所说的“因明”实指“因明处”。

将“因明”等同于“因明处”，那么上述的第一个共识是不成立的。而对于第二个共识，我们还是无法做出判定。因此，仍有必要继续探讨下去。

无疑，窥基的言论仍然值得高度关注。譬如：“（1）因明论者，源唯佛说。（2）文广义散，备在众经。（3）故《地持》云：‘菩萨求法，当于何求？当于一切五明处求。’（4）劫初足目，创标真似。”①

如果将（1）解读为“‘因明’原语及其名下的内容皆源自佛祖”，则恐属曲解或强说，因为窥基此说极有可能如同佛经中的皈敬颂，只表达一个虔诚的佛教徒对佛祖的敬意，并不一定就是基于事实。但（2）和（3）却告诉人们，菩萨所求“五明”之一的因明，其分子散落于众经之中。这尤其适用于陈那之前的因明，可见窥基所说并非虚言。另外，（3）中《地持》含有“五明”之说，也为探寻“因明”原语的来源提供了一个极其重要的信息。这一点后面还将提及。

至于（4），人们倾向于认为它暗示了因明内容之根源可追溯至据说是正理派创始人的足目。例如，熊十力就曾认为，“佛家因明学，虽就自宗推源佛说，然迹其本始，仍属外宗。佛氏盖因外宗而别详之。足目学派即外宗也”②。暂且不论（4）的详解，从（1）—（4）所显示的信息看，有几点比较明确。第一，“因明”原语极有可能源于佛教；第二，“因明”原语诞生之始，极有可能被用以标示一门新的学问，其内容之本可追溯至“劫初”的足目；第三，不知何时起，因明已经成为佛教徒必修的“五明”之一，其义散见于众经之中。因此，如果将窥基的说法改为“因明论者，源唯佛教”，这就更接近事实。如果我们将此处所言限指“因明”（Hetuvidyā）一词的来源，则与事实更相符了。

吕澂的观点似乎为我们对窥基之言的改动提供了有利证据。他曾认为，“因明”（Hetuvidyā）是佛教的专用术语，印度一般学者都用“正理”一词。③由此，“因明”术语的最早发明者极有可能就是佛教人士，而且它的最早出处应该是在佛典而非别的书籍中。这就意味着，之前有人断定“因明”最早出现在《师地论》之类的佛典中，并非随意之言。当然，它还不够准确，表述也容易产生问题。首先，此处的“因

① （唐）窥基：《因明入正理论疏》上卷，第91页。上述（1）—（4）之序号为笔者所加。

② 熊十力：《唯识学概论　因明大疏删注》，上海书店出版社2008年版，第189页。

③ 吕澂：《吕澂佛学论著选集》（四），齐鲁书社1991年版，第2403页，注⑤。

明”实际上是“因明处”的简称；其次，此处所说的“最早出现”看似指汉语名称，实际上也兼指梵语名称。这种不加区分的说法容易误导人们，会让人们以为“因明”的汉语名称和梵语名称的最早出现是同时的。尤其是当我们因梵语原本的缺失，而不得不依据汉语名称去推断梵语名称的起始时间时，这种错觉更容易产生。因此，我们可将上述有问题的表述改为：“因明处”最早出现在昙无谶译本《菩萨地持经》中。

那么，是否需要修改原有的关于弥勒创因明的说法呢？暂无必要，因为《菩萨地持经》以及包含它的《师地论》被认为都是弥勒所创。假如这种看法合于事实，则我们接下来仍然可以根据《师地论》问世的时间来推断“因明”出现的时间。只不过，必要时仍以《菩萨地持经》做对照。但问题并非如此简单，因为迄今为止我们连历史上是否确有弥勒其人都不清楚，又如何进行上述推断呢？

关于弥勒，宇井伯寿和吕澂似乎都不否认有一个居于兜率天的弥勒菩萨，但对于地上是否有一个弥勒的看法并不一致。前者认为，“《瑜伽师地论》是无著所作之书……。天上的菩萨说，由地上的无著用文字记录下来，神话与法相宗的宗义并不抵触，从学问的常识说，到底是被承认的事。……与兜率天弥勒菩萨有一同名的弥勒论师确是无著的老师，此弥勒是西元二七□至三五□年的人物”[①]。后者认为地上也有一个弥勒的说法缺乏真凭实据，“据我们想来，无著、世亲以前，应该有一批瑜伽师，就是无著、世亲学说之所自，至于他们是否托名弥勒，就很难断言了”[②]。显然，若依宇井伯寿之言，则《师地论》乃创自弥勒论师之口，由无著以文字记录下来。而且，由弥勒论师的生卒年代推定《师地论》问世时间，再推定“因明”原语大约诞生于公元270—350年。尽管这只是一个时间段，但相比于某个世纪或若干世纪之间的说法更为具体，因而更令人满意。然而，或许是由于缺乏足够有力的证据支持，因而该说法如吕澂所言，尚未得到学术界的公认。那么，依照吕澂的说法，我们又能做出什么样的判断呢？大概可以这么说，除非有新的证据，否则依据弥勒生卒年代

① ［日］宇井伯寿等：《印度佛教思想史》，《中印佛教思想史》，释印海译，台北：华宇出版社1985年版，第70页。

② 吕澂：《吕澂佛学论著选集》（四），第2200页。

推定“因明”原语产生时间的做法是不可靠的。如此，弥勒创因明之说暂时还不能成为定论。那是否还有别的推断路径呢？依笔者之浅见，我们至少还可以尝试着从两条路径进行推断。

第一，由无著、世亲生活的年代来推断“因明”原语的诞生时间。既然有无著、世亲传弥勒之《师地论》的说法，则不管弥勒所指称的是人还是神，都不妨碍我们判断《师地论》成书的时间早于（至少不会晚于）无著的时代。

根据吕澂的观点，“无著大约是公元四〇〇—四七〇年，世亲大约是公元四二〇年”[①]。依此推断，《师地论》的成书年代大约在公元四五世纪[②]，甚至更早。然而，关于无著、世亲的生活年代，宇井伯寿看法又不一样。据其所言，无著大约生活于公元310—390年，世亲则约为公元300—400年。[③] 以此为据，《师地论》问世时间不会晚于无著、世亲在世的4世纪，即它大约出现在公元三四世纪，甚至更早。哪一种看法更准确呢？可能还是吕澂的看法更可靠些，因为在宇井伯寿的说法之后，吕澂依然明言自己能给出的只是一种假定的年代。这表明，即便前者动用了某些证据，也不足以保证其结论为真。当然，除非我们满足吕澂的假定，否则只有另寻途径了。

第二，仔细分析上文提到的窥基的（3）中的信息，我们实际上可以沿“五明→因明”的路径进行推断。汤用彤对昙无谶在中国的译经经历有过考证，他认为昙无谶先居敦煌，大约公元421年到达姑藏，公元433年为蒙逊所杀。[④] 如此，如果我们采取最保守的做法，则可断定昙无谶译出《菩萨地持经》的时间最迟不会晚于公元433年，而该经梵语（或别的语言）原本的问世时间无论如何也不会晚于公元4世纪。自然，“五明处”中“因明处”的出现也不会晚于公元4世纪。其实，即使我们以昙无谶的辞世时间为起点回溯一百年，推测《菩萨地持经》的问世时间不晚于公元333年也还是比较可靠的。虽然这还只是一个时间下限，而对于

---

① 吕澂:《吕澂佛学论著选集》(四)，第2198页。

② “公元4世纪、5世纪”之说是基于该书可能在无著、世亲出生之前或出生后完成的推测。

③ 参见［日］宇井伯寿等《印度佛教思想史》,《中印佛教思想史》，释印海译，华宇出版社1985年版。

④ 参见汤用彤《汉魏两晋南北朝佛教史》，北京大学出版社1997年版。

上限我们依然无法确定，但相对于我们根据吕澂提供的信息所进行的推断又向前推进了一步。值得注意的是，这个结论固然不能判定宇井伯寿的推断是正确的，却与其推断结果相近。

值得关注的是，韩廷杰曾于 2008 年发表了一篇题为“因明学始于何时”的文章[①]，他为我们展示了另一种可能。如果他所引用的材料是可靠的，所搜集的证据是确凿的，所做的论证是严密的，则其结论足以引起轰动。鉴于此文所涉及的问题非同小可，实有必要仔细分析该文作者的基本观点及相关论证。

第一个观点，“因明”这个词并非首先出现在《师地论》中，而是出现在更早期的典籍《南传弥兰王问经》中，其出现的时间与弥兰王生活的年代相仿，即公元 1—2 世纪。

作者研究巴利文作品时发现，巴宙翻译的《南传弥兰王问经》卷上提及弥兰王熟悉十九项技艺，其中既有“因明”，也有六派哲学。由于六派哲学的产生时间大约是公元元年前后，由此推断弥兰王应该是公元后的人物。又由于希腊历史学家蒲鲁塔克（Plutarch）认为弥兰王的生卒年是公元 46—120 年（即公元 1—2 世纪），因而可以推断此时或略早就出现“因明”一词，这就比传统意见（即“因明”于公元 4—5 世纪出现）要提前几个世纪。

再者，佛教徒被要求必须修习五明是众所周知的事。尽管“五明”一词最早出现于何时已不可考，但它肯定早于《师地论》，由此断定“因明”这个词的出现肯定早于《师地论》。

第二个观点，窥基说“劫初足目，创标真似”时，实际上把正理派创始人足目当作了古因明的创始人。

第三个观点，由正理派经典中未发现“因明”这个词，推断佛教经典首先使用“因明”这个词，所以窥基才说“因明论者，源唯佛说”。

上述三个观点中，第一个观点无疑是最重要的。客观而言，我们得承认作者言有所据，但由于其所出示的证据缺乏足够的背景说明，因而该观点的可信度无疑要打点折扣。不过，这对于我们判断以往的共识不能成为定论还是足够的。

---

① 参见张忠义、光泉主编《因明》第二辑，甘肃民族出版社 2008 年版。

三 基本结论

至此，关于因明的起源问题，我们可以进行三点描述。第一，在印度，佛教称之为“因明”的学问，正理学派称之为“正理”。从基本内容上看，后者是在前者的基础上发展起来的，因而可认为后者源于前者。这可视为对窥基的“劫初足目，创标真似”的一种解释，亦可视为是关于因明内容起源的一种说法。至于其诞生于印度，则是无可怀疑之事。

第二，汉语名称“因明”一词最早出现在《记》中，正式问世时间为公元646年7月，最早的翻译者或使用者是玄奘。“因明处”最早出现在北凉昙无谶所译的《菩萨地持经》中。如果我们依照惯例将“因明处”简称为“因明”，则可认为这是“因明”原语的最早出处。如此，则可认为“因明”原语的问世时间将会早于或等于《菩萨地持经》原本的问世时间。更确切地说，它的出现不晚于公元333年。

第三，《方便心论》被视为最早专讲论议的佛教典籍，由其中未出现“因明”的汉语名称，可推断其原本中也未出现“因明”原语。以梵语为例，在梵语体系中，对应于“因明”的“Hetuvidyā”或别的梵语词的第一次出现可视为因明这门学问的开始，不论它们的第一次出现及之后的使用是否仅限于佛教内，寻找发明者所牵涉的一系列问题都可视为因明的起源问题。从时间上来说，“因明”原语最早出现于何时的问题，目前尚无确定的答案。但通过上述追溯，可确定其晚于《方便心论》原本，早于或等于《菩萨地持经》原本出现的时间。或者，它的问世时间晚于《方便心论》原本，但不迟于公元333年。尽管尚无把握确定它是否真如韩廷杰所推测的那么早（即公元1—2世纪，甚至更早），但这个时间已经比以往的界定更明确，也更可靠些。显然，这对后续的探究是有帮助的。

毋庸置疑，本书将以往的研究向前推进了一步。不过，除了“因明”的汉语名称的起源问题得以解决外，关于“因明”原语的起源问题离真正解决为时尚早。现有的结论作为阶段性的成果，固然具有参考价值，但尚不足以作为最终的定论。总之，关于因明起源的问题，尚有许多工作要做。

第二节　玄奘与汉传因明

一　评价原则与资料来源

历史上，对著名人物的评议，或褒或贬，或神或人，或真或假，兼而有之。这等情形司空见惯，毕竟评议者的目的、兴趣、态度、学识眼界以及所持依据等，各不相同。因而评传的水平高低不同，质量优劣有别，这是再自然不过的事了。然而，从学术角度看，去伪存真、舍劣就优、多角度切入、全方位考察等才是恰当评价历史人物应遵从的基本原则。对玄奘的评议亦应如此，但除此之外，还需要特别加上一点，所做评价应能体现其固有的身份。在后文中我们将看到做此补充是多么必要。依此原则，可试评玄奘。

玄奘（公元600—664年）[①]，唐代杰出的高僧，精通佛教之经、律、论三藏（后世人因此称其为唐三藏），中国慈恩宗（唯识宗）及汉传因明的开创人[②]。其主持佛教梵典汉译的活动近二十年，所译经卷七十五部，计一千三百三十五卷[③]，翻译质量超越前贤，被后世誉为伟大的翻译家。

显然，上面省略的是理论上可以无限填充的部分，至于最终展现出来的是否就是历史上那个真实的玄奘，那又另当别论了。不过，以本书的研究主题而论，玄奘与汉传因明的关系才是需要关注的重点。

以玄奘在汉传因明方面的所作而论，在其生前身后，僧俗两界所做评议不计其数。这些评议或评述所依持的比较可靠的证据，主要有三个来源。第一个来源是玄奘主持翻译的大量经卷及其与弟子慧立合作撰写的《大唐西域记》。它们都和玄奘直接有关，但具体反映的内容并不一样。对于前者，它们与因明有何关联以及如何反映玄奘的因明学识、运用因明的能力以及一些基本观念之类的问题，需要非常深入的专门研究方能回答。以往人们的关注点大都集中在玄奘所译的那些与因明有直接关联的典

---

① 关于玄奘的出生年月有多种说法，笔者以为杨廷福之考证更严密，结论更为可靠些，故采用其说法。其考证见《玄奘年谱》（上海古籍出版社2011年版，第1—13页）。

② 汉传因明始于玄奘译讲《因明入正理论》《因明正理门论本》之后，尽管玄奘并无因明专著，但其诸多弟子的因明注疏缘起于其译讲。故认定玄奘为汉传因明的真正创始人是妥当的。

③ 参见杨廷福《玄奘年谱》，上海古籍出版社2011年版。

籍（如“二论”、《师地论》）。确切地说，他们关心的只是对因明典籍的界定，忽略掉的是这些典籍以外玄奘本人可能持有的其他观念或观点，譬如，他的佛学观、因明观，甚至政治观等。这多少会影响我们对玄奘进行准确、完整的评价。[①] 据吕澂说，《成唯识论》实际上是玄奘糅合十家之言而成的一部佛教著作。从某种意义上说，这部著作是玄奘半翻译、半创作的产物。因此，研究这部著作或许能有助于我们更多地了解玄奘的佛教观。而且，该著作被某些学者认定为因明应用的典范之作（此待确证），如果属实，那么研究它无疑为揭示玄奘的因明观增加了一种可能。

与前者不同的是，《大唐西域记》相当于玄奘的自传，它为我们提供了玄奘在印期间求学因明的经历以及同因明有关的若干重要事件（如辩论等），因而受到的关注更多一些。

第二个来源是与玄奘同时代的高僧大德及其身后诸多弟子的注疏、评传，也包括那些所谓世间学者或非学者（如政治家）的评述。尽管有历史记载的各类唐疏很多，但留存至今的主要有窥基的《大疏》、《文轨疏》、神泰的《理门述记》、净眼的残本以及日本学僧的《瑞源记》等少数资料。西藏文本代表的是藏传因明，与玄奘的关系不大，因而一般不在考虑之列。现代学者评述玄奘的因明成就依据的主要是这一部分资料，包括那个据说能反映玄奘因明造诣的“真唯识量”及其相关传说也在此列。

至于唐朝以降一千多年来其他研究者的著述，尽管数量众多，至多能提供某些新视角、新理论以及新方法，即便我们将之归为必备的第三类资料，它们显然还不具备前两种资料对所论的支持力度。因此，评价玄奘真正能依据的是前两种资料，第三种主要是提供理论和方法方面的支持。

理论上，应该对上述资料全盘考察方能对玄奘给出一个全面而准确的评价。实际上，恐怕没有人能单独做到这点。一是由于量的庞大（如玄奘所译经书），二是由于有些或许很有价值的资料已经佚失了。因此，我们除了借助不同时代的众多学者的群体研究不断去接近玄奘的历史真貌外，别无他法。毫无疑问，我们在评价作为汉传因明创始人的玄奘在因明方面的造诣、眼界、贡献及其局限时，应该考虑这种情况。不过，在正式

① 宋代的延寿法师，近现代学者中吕澂、傅斯毅等从唯识学的角度出发，解释玄奘的唯识比量的做法无疑为我们提供了一种很好的研究思路。从这个角度看，考虑因明典籍以外的译典可能带来一些新的东西。

评价玄奘之前，有一点必须指出：如果说对玄奘的评论在清末民初之前（甚至包括20世纪前30年）更多由佛门弟子所做，那么近现代则有越来越多的世间学者参与其中，这意味着出现新的评判视角以及不一样的结论。显然，佛家和世间的评论给我们展现的是不完全一样的玄奘。

二　因明造诣

对于那些与玄奘有过接触的人们来说，玄奘在因明方面的造诣究竟有多高的问题或许根本就不是一个问题。尤其是那些与之有过交锋的高僧大德（大、小乘）、外道教徒以及世间学者（如吕才等），恐怕都对玄奘深厚的因明学识及其高超的运用能力印象深刻。然而，对于那些因远离其生活时代而无缘领略其风采的人们来说，玄奘在因明方面的真实水平如何实际上已经成了一个需要通过不断回溯、逐步还原后重新认识以及重新评价的问题。

《大唐西域记》给我们展示了玄奘在印度求学的经历，其中关于因明方面的信息是我们今天了解玄奘在因明学习方面的直接证据。一方面，他所参访的僧称、调伏光、戒贤、南侨萨罗国婆罗门、智贤和胜军等大德都精通因明；另一方面，其所学内容不仅包括陈那的前期著作，也包括其晚期的《集量论》。诸如此类的信息表明玄奘在印度期间的确受到过良好的因明训练，这不仅为他在印度期间娴熟地运用因明击败各式论辩对手，甚至修改胜军的比量式打下了坚实的基础，也是他回国后能够自如译讲因明之所本。令人遗憾的是，这方面的具体情形我们除了玄奘的自述外几乎很难找到别的旁证①，而且即使玄奘所提供的信息也不完整（或许对其门下弟子除外）。因此，我们虽然通过这些有限的信息能或多或少地了解玄奘的因明造诣，但要依此做出完全的论定恐怕还缺乏足够的底气。无疑，这是我们沿如下几方面去评析玄奘的因明水平时不得不考虑的因素。

（一）真唯识量

窥基《因明大疏》中记录的“唯识比量”成了学界评价玄奘因明水平时引用最多的一种直接证据。从郑伟宏搜集整理的资料看，历史上有不

---

①《慈恩传》卷七附载玄奘于永徽五年（654）回答印度菩提寺小乘宗师慧天的一封信，或许可以算是一个旁证。

少学者评价过“唯识比量”[①]。这些推崇或质难或客观评价既来自宗教（主要是佛教内的）内，亦来自宗教外。显然，出发点不一样，所得结论也可能不一样。一一展现历代僧俗学者对“唯识比量”的解释和评价，再逐个进行分析比较，最后重新给出一个评价。这是一种很值得提倡的做法，但本书更为关注的是近现代学者的一些批评，因为它们更具有现代学术意义。另外，针对批评者的再批评将会产生什么？这是一个很值得关注的问题。对于远离玄奘时代的现代学者而言，一方面可能由于失去了一些很重要的信息，从而导致评价伊始就处于不利的位置；另一方面，无须过多顾及以及具有现代的学术视野又是有利于评论者的。究竟如何，且从那个著名的“唯识比量”开始。

宗：真故极成色，不离于眼识
因：自许初三摄，眼所不摄故
喻：譬如眼识[②]

对于这个“唯识比量”，相关的解析和评论很多。如何理解该比量，吕澂从因明、佛学背景方面所做的解析已经非常详尽，无须多说。但对吕澂及其反对者的一些重要观点或评论则不得不提。吕澂的主要观点大致有三。第一，“‘唯识比量’是符合因明规则的，而且推理严密、周到，无隙可乘”[③]。第二，“‘唯识比量’是共比量”[④]。第三，玄奘的比量尽管组织严密，令敌方很难驳斥，但它“只能服人之口，而不能服人之心”[⑤]。与前两个观点相比，最后一个观点更为客观、准确，其他学者对此似乎也未有异议。但它又是非常耐人寻味的，是该视为吕澂对玄奘的一种很委婉的批评，还是视为仅针对顺憬以及后世其他学者陆续挑战的一种描述？前两个观点则未能免于批评。有些学者既不同意“无隙可乘”的说法，也不赞同“唯识比量”是共比量的观点。沈剑英就认为：“玄奘以自比量冒说共比量，这就使他在宗、因、喻三支上普遍犯过。”“‘真唯识量’并非万事

① 参见郑伟宏《汉传佛教因明研究》，中华书局2007年版。
② （唐）窥基：《因明入正理论疏》卷中，第115页。
③ 吕澂：《因明入正理论讲解》，张春波整理，第65页。
④ 吕澂：《因明入正理论讲解》，张春波整理，第67页。
⑤ 吕澂：《因明入正理论讲解》，张春波整理，第76页。

立量之楷模，玄奘为维护宗派利益，不惜借取简别的方法进行诡辩，然而仍难以掩饰其破绽。……窥基在给新罗高僧顺憬答书时所说的六条错误，无一得以成立，而且前后重复，显出逻辑上的混乱。”[①] 显然，将玄奘的“唯识比量”界定为诡辩说，没有比这更严厉的批评了。相比之下，当初吕才对奘门发起的挑战则要温和得多。

暂不论这两种评价各以何为据，有一点需先指出，即它们实际代表了佛教徒或亲近佛学者（如吕澂就是居士）与纯粹的民间学者各自的立场。仅从学术的角度看，从因明义理和规则的角度去客观评述玄奘的比量，而不是盲目迷信权威，这种立场无疑是值得强调和肯定的。不过，给“唯识比量”下一个诡辩说的结论，将引发如下的质疑：这个在我们面前漏洞百出的比量，当初如何得以享誉“五印”？玄奘如何以此比量去服那些高僧大德、外道高手之口？很难相信，玄奘这个据说经受了其时近乎严酷的辩论考验的比量，在我们面前竟会如此不堪一击。如果我们认为玄奘当时受到戒日王的恩宠，因而即使发现了该比量中如此多的漏洞，也慑于王权之威而不敢反驳，这等纯属臆测未得证实之言，恐怕既难服人之口又难服人之心。如果得出戒日王为玄奘诡辩所迷，其智识也不过如此的结论，恐亦非妥当之言。如此看来，问题并非如此简单。除非有充足、可靠的证据既能显示其时辩论背景，又能还原其时的论辩规则，否则我们还是无法相信诡辩说就是定论。

日本学者武邑尚邦也是诡辩说的支持者[②]，他曾就玄奘的“唯识比量”有过一个简要的评价，认为玄奘的“唯识比量”只不过是一种为避免攻击精心设计的比量式，类似于中国古代名辩学“白马非马”之类的诡辩，只不过处理得略微科学而已。“这种处理似乎也反映了中国接受学问的普遍态度。”[③] 而且他认为，中国人只接受《正理门论》而没有接受那部更具知识论特征的《集量论》，代表了中国因明家的只重论辩的整体倾向，进而也影响了日本。武邑尚邦的这种评价很成问题。一是他不了解

① 沈剑英：《佛教逻辑研究》，上海古籍出版社 2013 年版，第 92、96 页。

② 此并非指武邑尚邦之说较沈剑英后出，从前者所著《因明学的起源与发展》（中华书局 2008 年版）中的“著者序”看，其观点应该早于沈剑英。此处之所以这样说，只不过表达前者持有与后者一样的观点而已。

③ ［日］武邑尚邦：《因明学的起源与发展》，杨金萍、肖平译，中华书局 2008 年版，第 25 页。

玄奘翻译“二论”实受其时以立破为中心的因明传统的影响，如果说有所代表，那也是代表了印度佛教的因明传统。在这点上，武邑尚邦并不清楚其射出的箭穿过了玄奘，也穿过了玄奘背后的戒贤乃至陈那。二是以“唯识比量”之论扩展到整个中国学术界，这种仅为揣度并无论证的做法并不妥当。在不了解中国人的思维方式及学术传统的情形下，妄自猜测的行为实乃草率冒失之举。值得注意的是，持此观点的绝不限于武邑尚邦这样的国外学者，国内也有不少人持同样的看法。还需指出一点，武邑尚邦认为玄奘的“唯识比量”是为他比量而不是为自比量①，这种说法显然不如中国学者所言准确。

总之，“唯识比量”是玄奘用来反击小乘正量部质难的一种比量，简别语的应用使得“唯识比量”和一般的比量相比更加严密。人们纵有异议，恐难否认它是一个组织得很高明的比量。它是否能被当作共比量以及是否如吕澂所说的“无隙可乘”，这些问题还可继续讨论，但恐难有定论。因为我们还没有把握确定，今天所理解的共比量与玄奘用于辩论的那个时代所认可的共比量完全一样。尽管“真唯识量”的称呼难以得到民间学者的认可（尤其是现代学者），但它毫无疑问受到了很多佛教徒的认可。客观而言，“唯识比量”的确显示出玄奘运用因明的高超能力，据此判定他具有非凡的因明造诣亦无不可。当然，这还仅仅停留在表面，该比量真正的意义在于捍卫了玄奘所坚持的唯识学，自然也捍卫了瑜伽行派的尊严和地位。如果再往后看，则“唯识比量”所维护的也正是慈恩宗试图倡导的。从这个角度上看，玄奘实际上借助“唯识比量”为慈恩宗奠定了基础。依此而论，“唯识比量”完全配得上“真唯识量”的称呼。如果我们仅仅将它当作一种诡辩，或者责备玄奘没有严格按照今天我们所理解的共比量标准来立量，那么“唯识比量”及其背后唯识学的价值和意义也都会遭到抹杀。印顺法师曾叹因明师立量之不易②，于今犹有启迪作用，即我们是否该以诡辩说评价玄奘的“唯识比量”，这还是一个值得深思的问题。

（二）“三论”之意义

据吕澂的考证，玄奘于印度学成将返之际，曾用梵语制作了“三论”。

① 参见［日］武邑尚邦《因明学的起源与发展》，杨金萍、肖平译，中华书局2008年版。
② 参见释印顺《印度之佛教》，中华书局2011年版。

这是玄奘对印度佛学的直接贡献，也使得他在印度一时如日中天。[①] 由此可见，“三论”反映了玄奘在佛学方面的精湛造诣。然而，我们还应该看到，这实际上也能间接证明玄奘具有很高的因明水平。一个比较合理的推测是：“三论”组织严密方能为玄奘赢得这些赞誉，而因明在其中扮演了主要角色。

以那个为玄奘赢得“解脱天”“大乘天”称号的《制恶见论》为例，尽管原著早已亡佚，但现有资料依然可以证明该论与“唯识比量”有着非常密切的关系。关于这点，近现代学者中，吕澂的论证固然具有很强的说服力，而傅斯毅的近期研究也同样值得关注。他认为，“‘唯识比量’应是《制恶见论》的一部分”[②]。不管这是否符合事实，《制恶见论》以及“唯识比量”共同反映的无非是玄奘的因明水平经受过我们今天很难还原其实景的论辩实践的检验。《慈恩传》里的一封玄奘回答印度菩提寺小乘宗师慧天的一封信[③]，比较有力地证明了这点。

（三）“二论”的译解

其实，玄奘的译文也可成为探究其因明水平的另一种证据。一般而言，译文不仅能反映译者对两种语言掌握的水平，而且也能折射出译者对原文所涉领域的理解程度。因此，进行梵、汉文本对比，进而判定玄奘的因明水平，这是一种比较可靠的方法。

实际上，人们早就开启了这种对比研究。不过，除了针对《因明入正理论》的梵、汉全本对比研究外，人们无法就《因明正理门论本》做类似研究，或者说，只能借助极其零散的一些梵语片段与汉本做对比。

或许，我们也可通过间接方式来了解玄奘的水平。譬如，国内学者吕澂、法尊由藏本《集量论》翻译而得的汉本《集量论释略抄》（节译本）、《集量论略解》（全本），国外学者有的将藏本直接翻译成英语或别的语言版本，或者部分还原得到一些梵语片段。这些译本是否达到玄奘译本的水平是很值得怀疑的。我们从吕澂、法尊的译本中似乎还看不出这点，至于那些水平不如他们的译本就更不用提了。霍韬晦曾认为吕澂的译

① 参见吕澂《玄奘与印度佛学——从玄奘在印所著的三论说起》，载黄夏年主编《吕澂集》，中国社会科学出版社1995年版。

② 傅斯毅：《玄奘法师〈制恶见论〉考》，《世界宗教研究》2011年第6期。

③ 参见吕澂《玄奘与印度佛学——从玄奘在印所著的三论说起》，载黄夏年主编《吕澂集》，中国社会科学出版社1995年版。

本“文字过分拘谨，质而不畅”[①]，可能是拘泥于原本的格式所致，而国外的同类译本就要顺畅得多了。他的看法有一定的道理，但并不能说明吕澂的翻译不如国外学者，或许各自的取舍不同导致的结果也不同。《因明入正理论》姑且不论，以《因明正理门论本》为例，尽管它也不易理解，但据实而论，与吕澂和法尊的《集量论》译本或节译本比较起来还是更顺畅些，文字功力也更深厚些。

如此看来，玄奘的翻译表现出很高的水平，固然与他精通梵、汉两种语言有关，但对这种很专业的因明著作的翻译，如果不具备很高的因明造诣，很难想象最终的译本会是什么样子。由此，我们可以进一步确定玄奘的因明水平达到了一个很高的层次。

三 因明观

因明曾长期作为佛教徒求法必修的五明之一，其地位显然非同一般。但在玄奘时代，这种地位受到了削弱。如果我们仔细分析玄奘对陈那因明著作选择性翻译的做法，当不难找到这方面的证据。例如，在玄奘翻译完“二论”之后，尽管其门下弟子对因明曾表现出相当浓厚的兴趣（如争相注疏等），而且后来还发生了轰动一时的“吕才事件”，但其他因明著作的翻译再也没有摆上他的日程。最令现代学者耿耿于怀的是，《集量论》这样重要的著作竟然也在未译之列。那么，究竟是什么原因让玄奘放弃其他因明著作的翻译呢？

一种可能是玄奘不想影响其宏大的翻译计划。如果说他忽视因明或陈那学说的重要性，恐怕不符合事实。由窥基等人知道《集量论》等著作的内容来看，他可能只是基于不影响其他梵本翻译的考虑而选择了以讲代译的做法。

另一种可能是玄奘的因明观左右了他对因明著作翻译的选择。至少有两位学者的观点为这种可能提供了有力的支持。首先，吕澂针对玄奘为何不译《集量论》的问题就曾做过解释。[②] 在他看来，玄奘继承了因明以立破为中心的传统，其在印期间常将因明结合对法学习的做法实际上符合这

① 霍韬晦：《佛家逻辑研究》，高雄：佛光出版社 1979 年版，第 160 页注①。

② 参见吕澂《奘净两师所传的五科佛学》，载黄夏年主编《吕澂集》，中国社会科学出版社 1995 年版。

种传统。由于以量为中心组织而成的《集量论》离开了立破范围，因而玄奘不翻译它是很正常的选择。

其次，王森的解释强化和补充了吕澂的观点。[①] 他认为，“为破邪论，安立正道”之类的思想在陈那的《因明正理门论本》以及商羯罗主的《因明入正理论》的开篇早已显露出来，这说明以立破为中心的因明观由来已久。而且，有一则事实能说明这种因明观的影响力有多么深远。黄教兴起前的中国藏族还完全将因明看成推理和辩论的学问，这表明印度的那烂陀寺在13世纪初还是采取这种看法。因此，从表面上看，玄奘的不译以及后来《集量论》的义净译本的佚失只是因为《集量论》中的立破内容并未超越“二论”。从根源上说，它们都可以解释为受这种传统因明观的影响所致。由此不难看出，汉传因明的格局实际上在一开始就由玄奘所持的因明观决定了，或者说是受玄奘继承的传统因明观所决定了的。如果我们认为这种因明观约束了汉传因明的发展，进而认为玄奘应该为没有翻译《集量论》而使得汉传因明未能充分反映陈那的全部思想负责，那肯定是有失公允的说法。

四　贡献及其局限

对玄奘的评价，我们能够接受褒贬不一的结果，但无法接受那些不恰当的评述，尤其是那些缺乏足够证据未经充分论证的断言。本节开篇之所以强调要考虑玄奘的身份，是由于它对我们如何评价玄奘是有参考价值的。尽管只论玄奘在汉传因明方面的贡献而忽略其局限，显然无益于学术的发展，但对于玄奘的局限性怎么看待却是一个值得深思的问题。或许，将玄奘的局限性与时代、佛教本身的局限性联系起来看是比较适宜的方式。

（一）玄奘之“错”

近现代学者对玄奘的批评，大致可归纳为三种情形。第一，“真唯识比量”之“真”名不副实，不过一精致的“诡辩”而已。持此观点者不乏其人，如沈剑英、武邑尚邦等。第二，只译“二论”而弃译《集量论》，致汉传一系难窥陈那体系之全貌，失去更早开启量论（或知识论）研究之契机，影响到整个汉传因明的格局。而且，对于法称学说的忽略，

① 参见王森《玄奘法师所传之因明》，《藏传因明》，中华书局2009年版。

也影响到汉传因明的发展路径。[①] 尽管人们表述不一，但对玄奘批评之要义大致如此。第三，对吕才等世俗学者的打压，导致汉传因明长期寓于僧堂，最终也随慈恩宗之衰败而没落。既致因明长期未尽其用，也致后世不仅难续唐时之辉煌，更勿论超越了。[②] 对于第一种情形，前文已有所论，不再赘述。之前虽也提及第二种情形，但言未尽言，故应补足。其实，人们长期以来都对玄奘有一个误解，即认为《集量论》之未译表明玄奘只重因明立破之功用而忽略或轻视量论之重要。关于这点，王森早有评述，只不过未被人们重视而已。王森观点之要义大致有三：首先，《集量论》中有关认识论的几个重点问题在《因明正理门论本》中也有提及。其次，陈那的认识论思想部分是继承的，这可从《瑜伽论》《唯识》中找到，部分是自己发挥或创新的，这方面的思想除了前已提及的两论外，在《观所缘缘论》中也可找到。也就是说，陈那的认识论思想并不局限于《集量论》。最后，“玄奘把有关认识论的阐释，放在《瑜伽》《唯识》的其他著述的“diversity译”和解说里，自然也是可以理解的，实际上玄奘已经译了这方面的几乎全部著作，并且留下了大量的当时印度硕学口传的讲法”[③]。

王森的这些观点是否正确，人们完全可以通过阅读玄奘的相关译著来获得答案。尽管这是很值得去做的研究，但要真正深入恐非易事。如果王森的观点是正确的，那么我们真应该为之前的无知而感到羞愧了。不过，如果王森所论是错的，则将是另一番情形。但我们是否就有权指责玄奘呢？恐怕未必。

我们可以这样说，当玄奘选译“二论”而弃译《集量论》等陈那其他著作时，人们应该理解他的做法。因为他是一个虔诚的佛教徒，因明在他眼里只是用于论辩的强有力的工具而已。在佛教内部以及佛教与外道的论辩过程中，因明无疑能发挥很大的作用。《集量论》尽管是陈那思想的集大成之作，但其偏于知识论的特点，于讲究立破的因明而言，尚难立即

① 法称被认为与玄奘同时代甚至更早的人物，在印期间玄奘应该知道法称其人其说，但他对此只字未提，故有人认为这是他对法称著作的故意疏远。尽管法称的年代尚不确定，而玄奘知有其人之说法缺乏足够的证据，但不妨假定真有其事，且看玄奘不提他是否合理。

② 此处主要针对唐以后清末民初前的那段历史而论，20 世纪后至今汉传因明的发展相较于前面那段时期则有若干超越之处。

③ 王森：《玄奘法师所传之因明》，《藏传因明》，第 127 页。

发挥作用。而且，通过讲述的方式也能达到宣扬核心思想的目的，如此等等。另一方面，作为一名虔诚的佛教徒，玄奘主要关注的恐怕还是如何坚守自己的信仰。这种坚守或维护乃至宣扬绝不仅仅是为自己的，实际上也是为他的。具体而言，他坚守的是源自护法的带相唯识说。或许也是由于这点，他对于法称的著作从未提及。因为法称的更倾向于经量部的观点是玄奘不赞同的。当然，这只是猜测而已，因为从现有的原始资料中，已经很难找到支持或否定这种猜测的足够的证据了。然而，尽管我们能理解玄奘的做法，但并不意味着我们应该完全赞同他的做法。因为从学术角度（如因明、知识论甚至哲学等）看，他对陈那《集量论》以及法称著作的有意忽略，已经影响了后世僧俗界对于陈那、法称体系全貌的认识。这是令人遗憾的，但不应由玄奘来负责。

在上述三种批评中，第三种最应该引起人们的重视。因为这不仅仅涉及批评是否正确的问题，它实际上还反映了世俗学者（尤其是近现代学者）对于因明走出寺庙成为公器的一种普遍期待或要求。在后一种意义上，人们的批评实际上代表了世俗学者对于以玄奘为代表的佛教徒藏因明为私用的一种不满或挑战。这种挑战实际上与20世纪60年代石村提出佛教与因明没有必然联系的目的是一样的[①]，即去除笼罩因明的佛教面纱，让它走向人间，成为公器。显然，此类批评的矛头所指都只有一个，那就是因明的佛教主义。基于此，我们似乎可将其他的一些批评也归为这一类。

另外，我们也应该看到，玄奘是佛教徒，吕才是世俗学者（近现代批评者亦是）。表面上，二者之间的论辩是僧俗之争。但实际上，吕才所代表的绝不仅仅是一般的世俗学者，其背后的支持者还包括道、儒两派势力。因此，在一定意义上，这场论辩的胜负实际关系到佛教在与儒、道之间剧烈的斗争中能否生存的问题。既非小事，不难理解为何玄奘及其弟子在争斗的过程中不惜利用手段了。无疑，这次论辩已经不是纯粹的学术之争了。近现代那些同情吕才的学者可能都忽略了这种背景，以为玄奘利用自己的学识以及势力不择手段地压制了一个纯粹求真的学者，这似乎有些

① 参见石村《因明二问》，载刘培育、周云之、董志铁编《因明论文集》，甘肃人民出版社1982年版。另见石村于1981年初次出版的《因明述要》（中华书局2006年版，第110—113页，第207—210页）。

偏颇。当然，给这场论辩定性的工作应该交给那些历史学家，此处指出这点只是为了说明，当我们远离那个时代时，往往因为忽略其背景而不假思索地指责玄奘及其弟子。无疑，这种批评是不公平的。

总之，在上述三种批评中，只有第三种更适用于玄奘。但这不是问题所在，相对于那些一味吹捧玄奘的做法，批评之声总是能起到警醒的作用，而且从学术进步的角度来看，我们也需要批评。不过，有些批评实际上是将本该后世去完成的任务全部托付给了玄奘，这种做法无论如何都让人难以接受。沙耶尔说："每一代都必须完成他们自己的任务。"① 对于玄奘来说，他已经大大超额地完成了自己的任务。那么，我们呢?

（二）玄奘之功

没有玄奘就没有汉传因明，这不一定正确；但没有玄奘就没有今天的汉传因明，这就千真万确了。前文将玄奘视为汉传因明创始人之说，正是基于后一命题。纵不论其余之功，作为创始人的玄奘亦足以令万世景仰。然而，玄奘之伟大实非此一说所能涵盖。

玄奘在因明方面具有的精湛造诣及其所继承的传统因明观，基本上都是其于"五印"时期学、行、悟、作的结果或产物。前文关于这两部分的分析和讨论无疑对我们更深入地探讨玄奘在汉传因明的贡献是极为有益的。

概括地说，玄奘对汉传因明的所有贡献基本上是通过"译""讲"来完成的。因此，欲确切了解其贡献可以沿此两方面展开。

1. "迻译"之功

关于这方面的情形，历代学者多有论述。其所涉及的不外乎三个方面。第一，"因明"之译。就中国讲究正名的传统而言，"因明"一词的问世意味着一门新的学问的诞生，那就是我们今天所谓的汉传因明。当然，如第一节所指明的，汉语体系中"因明处"的最早使用者和创造者是北凉时期的昙无谶而不是唐朝的玄奘，但真正让"因明"在中国成为一门学问的名称，则首先归功于玄奘。依此而论，将玄奘称为汉传因明的创始人是恰当的。第二，"二论"之译。《因明正理门论本》与《因明入正理论》无疑是建构汉传因明体系的基石，因而无论如何强调玄奘在这

① Schayer, "on the method of research into Nyāya", translated by Joerg Tuske, in Jonardon Ganeri ed., *Indian Logic*, published by Cuzon Press, 2001, pp. 103 – 108.

方面的贡献都不过分。具体而言，如果说玄奘的第一大功劳是树“因明”之名，那么翻译“二论”赋予“因明”以“实”则是其第二大功劳。第三，古因明或与因明相关的典籍之译。这方面的评述相对来说要更艰难一些，因为所涉及的情况比较复杂。譬如，哪些典籍应该被视为因明著作？哪些可视为与因明有关的著作？这牵涉如何给“因明”下定义以及依据定义进行分类的问题。人们似乎不大关心这一点，只是遵循古说很笼统地谈论因明著作，这就给我们谈论玄奘对因明的翻译之功时增添了困难。关于因明的定义问题，在下一节将有详论，故此处只做一般性的说明。从陈那体系的所谓“因明八论”[①] 看，除《因明正理门论》外，玄奘还翻译了《观所缘缘论》。从陈那之前的古因明著作看，《瑜伽师地论》被视为玄奘翻译的最经典的著作之一。我们由此译著不仅得到了“因明”（更准确地说是“因明处”）一词的“最早”出处，也获得了所谓“因明七论”之知识。需要指出的是，对于陈那之前的因明著作的系列追溯，国内学者中自许地山才真正开始。[②] 由于《方便心论》《如实论》等译著与玄奘无直接关联，故暂且不论。

2. 讲授之功

如果说玄奘通过翻译为汉传因明准备了“名”（名称）与“实”（内容、材料），那么通过讲授则培养了一大批人才：翻译以及传承并发扬其学的人才。文轨、神泰、窥基等众弟子皆受其教，诸多疏解则是对其辛勤耕耘的回报。值得注意的是，清末民初汉传因明能够如此迅猛地复苏，除了外界的一些影响因素外，与唐朝的那些疏解是密不可分的。从根源上看，我们今天得以在“因明”名下开展各种研究，在很大程度上都是拜玄奘所赐。然而，玄奘的述而不作也给我们研究其因明思想带来了很大的困难。尽管人们认为在窥基等人的述记或疏解中有些是源于玄奘的口述，但我们实际上很难将玄奘本人的思想与其弟子（尤其是窥基）的思想分离开来。由此当不难理解为何有些学者研究玄奘时，直接将其和窥基融为一体来研究[③]。不过，吕澂的研究为我们提供了另一种思路[④]，即通过汉

---

① 人们将陈那的八部著作冠名为“因明八论”，这种做法并不严谨。

② 参见许地山《陈那以前之因明》，时代文艺出版社 2009 年版。

③ 参见傅斯毅《玄奘评传》，南京大学出版社 2006 年版。

④ 参见吕澂《因明学说在中国的最初发展》，载刘培育、周云之、董志铁编《因明论文集》，甘肃人民出版社 1982 年版。原载《江海学刊》1962 年 3 月号。

传因明与其之前的因明体系的对比，探讨玄奘及其弟子对因明的印度传统的继承和创新。继承不必说离不开玄奘的译讲，就是那些创新也有玄奘的一份功劳。

总之，玄奘在印期间的学、行、悟、作决定了因明在中国将以何种方式传播，是一种前期的理论准备，回国后对因明的译讲则关乎这门学问在中国的整个形态。姚南强认为，“玄奘为汉传因明开宗立轨”[①]。这应该是对玄奘与汉传因明关系最简练的评价。

第三节　什么是汉传因明

一　关于因明的几种定义

什么是因明？这是历代研究因明者不得不回答的问题，而且这是一个没有固定答案的问题。究其原因，不同时代的学者可能赋予它不同的内涵。但这也并非说，它没有任何可以言说的、相对固定的东西。人们至少会相信因明本身有一些本质的属性，这就是给因明下定义的基础。考虑“时变”的因素，同时考虑相对稳定的本质的因素，这就是我们给“因明”“汉传因明”等概念下定义或写词条前应该关注的。

[定义1] 因明是一门关于因的学问。

这是从本义上给因明所下的定义。所谓本义，指“因明”的原语“Hetuvidyā”的本义，即“hetu”为“因”，有原因、理由之义；“vidyā”为“明”，有学说、学问之义。[②] 具体而言，“因”是因明论式之所本，在因三相确定因支和喻支（主要指其中的喻体）的过程中，这点得到了充分的展现。笼统地说，则“因”是佛教用以建量立说、认知和解释教理乃至世间学说的一个重要依据。因此，该定义看似简单，实际上概括了因明的要义。

[定义2] 因明是一门关于充足证据的学问。

这是一个更现代的但合乎其本义的定义。阿密塔·查特吉（Amita Chatterjee）认为，佛教徒将可知的对象分为特殊的和一般的（即自相和共

---

① 姚南强：《因明论稿》，上海人民出版社2013年版，第69页。“开宗”之说准确到位，但关于“立轨”之说的部分解释则不大合适，譬如对吕才事件的评价等。

② “明”被吕澂解释为学问，被王森解释为知识、智慧。此处采用前者的解释。吕澂《因明入正理论讲解》，张春波整理，第4页；王森《藏传因明》，第63页。

相）两组，并认可了两种不同的认知方式——感觉和推理（即现量和比量）。不像正理派教徒（Naiyāyikas），他们认为感觉的对象不能通过推理获知，也不可能感觉到推理的对象。感觉是那种在原始的纯粹中直接领悟自相的方式。另一方面，推理是那种间接领悟对象的方式，一般在人脑给它们强加上名字、形式以及所谓的普遍性之后。感觉和推理都被假定能产生确定性以及关于对象的正确知识。但对于这两者，感觉被认为是一种出类拔萃的正确认识手段，因为它能免于所有的错误。错误是通过概念化以及想象力的发挥而悄悄潜入的。然而，建基于充足证据之上的推理产生了确定性。因此，佛教的推理理论主要是一种充足证据的理论。① 这种关于因明的现代解释，还被查特吉本人以及 J. N. 莫汉蒂（J. N. Mohanty）进一步扩展到整个印度的正理理论。他们认为，印度逻辑理论主要是一种充分证据的理论。② 依照这种理解，我们完全可以给出上述关于因明的定义。

［定义 3］因明是一种……逻辑。

这实际上是一种可以不断增添内容或更新内容的现代定义模式，而不是一个具体的定义。显然，给因明一个“逻辑”的定位，或者说将因明纳入逻辑的范畴，这是近现代东、西方学者通行的做法。

上述定义或定义模式中，第一种是最古典的或者说最本义的定义，它有利于我们把握因明的本来面目。第二种在一定程度上保留了因明的原义，但又结合了现代逻辑、认识论的一些因素，可视为第一种定义的现代延伸。第三种定义模式则完全代表了逻辑的风格或特色，它有很多的变体，譬如因明是关于推理或论证的佛教逻辑（或印度逻辑）等。实际上，由定义 1 到定义 3 的过渡是汉传因明研究范式发生转变的一种体现。

与定义 1 相比，定义 3 代表的是一种西方式的解释。更确切地说，它是中国学者百年来以逻辑解读因明的结论或结果，是一种异化了的解说。这种定义模式的出现，在一定程度上模糊了因明和逻辑之间的界限，而且对于这门独立于西方逻辑发展起来的学问来说，定义时立足其本义无疑更为合适。尽管通过其他一些插入语的确可以使因明和西方逻辑之间的辨识度更高些，但从比较研究的角度看，给因明下定义还是不加“逻辑”这

① 参见 Amita Chatterjee，“Buddhist Logic”，*The Development of Modern Logic*，edited by Leila Haaparanta，published by Oxford University Press，2009。

② 参见 Mohanty，Chatterjee，“Indian Logic”，*The Development of Modern Logic*，edited by Leila Haaparanta，published by Oxford University Press，2009。

个后缀更好些。基于这种考虑，本书更倾向于选择定义1、定义2而不是定义3。尽管如此，它们都无一例外地成为解答什么是因明这一问题所要讨论的对象。

实际上，上述关于因明的三种定义代表了近现代中国学者对待因明的不同态度或主张，它们贯穿了自1896年百年来中国因明研究的历程。而且，它们与人们在两个不同阶段对因明的研究（古典研究和现代研究）有着密切的关系。然而，这些定义在解答什么是因明或汉传因明的问题方面，并不能令人满意，因为人们显然需要更详尽的解说。这就意味着，我们需沿辞源释义、发生发展、主要传播的地域、理论来源、主要理论及其应用范围、学科分类以及主要功能等方面做全面的展开，而这正是百年来中外学者解答什么是因明这一问题所做的主要工作。毫无疑问，要令人满意地解答什么是因明的问题，实非易事。不过，这并非现在所要讨论的重点。此处提及它们只是想表明，它们实际上是两种针对因明的认知或研究的结果：即未受到逻辑影响之前的因明研究以及借助逻辑进行研究的结果。关于这一点，我们将通过下文来展现。

二　关于因明的两种研究

在某种意义上，我们可以说所谓因明研究就是针对什么是因明的问题的解答过程。显然，这是一个漫长的历史过程。大致将其分为两个时期，对于我们解答什么是因明、什么是汉传因明是可行的。第一个时期指自玄奘的时代至清末，称为古典研究时期；第二个时期自清末民初至今，称为近现代研究时期。接下来，我们将对这两个时期的因明研究做一个基本的比较。

（一）古典研究

不管玄奘当初只翻译“两论”是出于何种考虑，在相当长的一段时期内，汉传因明的特点、基本内容及其主要功能等都为其所规定了。更具体地说，这一时期因明研究的主角是佛教徒，主要对象是“二论”，主要成果为诸家疏解，主要特点是重论辩轻认知。毫无疑问，这段时期因明研究的主要成就基本上可由唐朝那些高僧大德的疏解来代表，而窥基的《因明大疏》被视为其中的佼佼者。按照吕澂的看法[①]，相对于因明的印

① 参见吕澂《因明学说在中国的最初发展》，载刘培育、周云之、董志铁编《因明论文集》，甘肃人民出版社1982年版。

度原本，唐朝众僧的研究在理论和应用两方面都有一定的发展，窥基的《因明大疏》很好地展示了这种发展。从理论方面看，主要有四个方面。

第一，对于陈那所提出的两种因（即“生因”和“了因”），窥基等人将其扩展为六种（即言生因、义生因、智生因、言了因、义了因和智了因），并指出言生因和智了因是其中的重点。这无疑是对陈那因明理论的一种发展。

第二，将喻支区分为体和依，很好地显示了“喻”的特质，并指出异喻的止滥作用以及异喻依的可缺失。这与法称后来常以喻体来表示喻支的做法是一致的。

第三，将陈那未明言的除宗有法思想加以明确，明确指出同品须除宗有法。近现代学者（如陈大齐）认为，这有益于我们明确因明与逻辑之别。实情如何，第三章将有所论。

第四，将同异品区分为宗同异品和因同异品。对于这一点，吕澂认为这是窥基误解陈那学说所致，实无做此区分之必要。[①] 陈大齐则认为：“《大疏》说因同品，必有所本，非其所创。纵或《大疏》误读，遂以别创新名，然有此名目，于阐述义理，益增方便，亦复可取。”[②]

毫无疑问，窥基的《因明大疏》既吸收了之前疏解的一些优点，又有自己独特的理解，将其视为唐疏中的集大成者也不为过。其中所含有的一些创新之处实非上述几个方面可以概括，近现代学者吕澂、陈大齐、霍韬晦、李润生、沈剑英等都对此有更具体的分析和解释。

从应用方面看，玄奘师徒发展出了九种比量式，并且在商羯罗主“三十三过”的基础上推衍出了很多种可能性，仅就宗过就能错综配合达到上千种“过”的可能。此外，还指出破对方比量的两种情形，一是“显过破”，二是“立量破”。

值得注意的是，这一时期的研究所使用的语言是古汉语（或古汉文），其术语体系由玄奘翻译确定，在西方理论进入并影响中国学界以前，它保持着相当稳定的形态。

（二）近现代研究

1896 年至今，因明研究相比于上一时期有了很大的变化。首先，内

① 参见吕澂《因明纲要》，中华书局 2006 年版。

② 陈大齐：《因明大疏蠡测》，中华书局 2006 年版，第 50 页。

容有了很大的扩充，即在“二论”的基础上增加了其他的一些原本。大致有四种情形。一是有关陈那体系的文本扩充。这方面主要是通过翻译藏本中所保存的陈那著作来补充汉译本的不足。例如吕澂的《集量论释略抄》（节译本）、《因轮论图解》，吕澂和释印沧合作编译的《观所缘论会译》，法尊的《集量论略解》等。二是将法称及其后的各种学说引入汉传体系中来。例如，王森于1940年将梵本的《正理滴论》译成汉文，1982年杨化群将藏本《正理滴论》译成汉文等。三是将陈那之前的古因明著作以及正理派的著作也纳入汉传因明体系中。例如，许地山的《陈那之前的因明》就将《顺中论》《如实论》《瑜伽师地论》等列为古因明系列的著作。再如沈剑英于1985年将日文版的《正理经》译成汉文，其后则又有姚卫群的译本。[①] 四是大量译介有关因明研究方面的国外文献，其中尤以日本学者的研究文献居多。其次，受西学东渐的影响，以因明为研究对象的元理论以及方法论不断被引入中国，其中尤以逻辑理论对汉传因明研究的影响最大，而且这种影响至今还在持续。关于这方面的情况，将在第二、三章中予以讨论。最后，研究形态日益丰富，研究重点也逐渐由仅限于因明论式的讨论向其他方面转移，譬如开始重视梵、汉、藏文本的考证，对因明、中国古代名辩学、逻辑三者的比较研究，从逻辑、哲学、语言学等方面对因明的解读，汉藏因明的对比研究，因明发展史的研究（史学研究），等等。显然，这一时期所取得的成果是丰硕的，不管数量还是种类都远远超过前一时期。

值得注意的是，这一时期所使用语言已经逐渐由古汉语向现代汉语转变，术语体系也有了很大的变化，在玄奘体系的基础上有了很大的扩充。这种变化主要与西方术语的大量引入有关。

三 什么是汉传因明

（一）关于因明的两个视角

实际上，因明自引入中国以来，它就一直受到人们至少来自两个角度的审视，即佛教徒和世俗学者的视角。在古典研究阶段，经历过“吕才”这样的事件后，因明基本上沦为佛教的奴婢。而在近现代研究阶段，因明

① 参见［印度］乔答摩《正理经》，载姚卫群编译《古印度六派哲学经典》，商务印书馆2003年版。

已经不再限于寺庙，人们也开始重新审视它的角色。或许，两种视角下的因明呈现出的是一种更全面也更合乎历史的形态。

如果你是一名佛教徒，那么如下看法都是很正当的：因明是一种能体现佛教宗旨的学问，是一种外能护教、内促自悟得智的强大工具。此时，宗教信仰不仅是考察因明的出发点，也是其最终的归宿。①

如果你不是一名佛教徒，甚至也不是一名信徒，那么你眼中的因明只不过是一门纯粹的学问，一门应该接受各种质疑和反驳的学问。借用波普尔的说法，它就是一门必须接受证伪考验的学问。②

（二）汉传因明的界说

1. 狭义的和广义的汉传因明

有了上面的分析，对于什么是汉传因明的问题，我们应该能较有把握地予以解答了。正如前文提及给因明下定义应考虑内涵之时变和本质之固定两个因素，界说汉传因明同样要考虑它们。概括地讲，汉传因明既可做狭义的也可做广义的界说。前者指的是以玄奘译讲为开端、“二论”为原本、古汉语为载体、立破为重点，主要传播于汉地（即汉族居住区域）的因明；后者的界定则要比前者复杂得多。除了开端这个因素不变外，其他方面都有所扩展。这点在前文的近现代研究部分已有所展示，因此，广义的汉传因明实际上是一种基于近现代研究的重新解释。依照狭义的模式，我们可以将汉传因明更新为：研究对象以陈那、法称体系为主，陈那之前及法称之后的相关理论体系为辅，以现代汉语为主要载体，既重立破又重认知（含量论），传播于世界各地的因明。显然，不管是狭义的还是广义的说法，都只是对汉传因明的一种概要式的解说。而且考虑到时变的关系，我们所能给出的任何解释都只具有相对的稳定性。实际上，关于什么是汉传因明我们还可站在其他的角度加以补充。例如，从发生地来说，汉传因明是一门源于印度的学问。从内容起源上说，它是来自正理派的学说。从因明辞源以及分类的角度说，它因佛教而生，曾为佛教僧侣必修的五明之一，或者五科之一。从功能上看，佛家认为它对内能引生正智、促解脱，对外能广利众生、立正破邪。或者说“自悟”“悟他”。如此等等。

① 此处融合了不同时期佛教徒对因明的看法。譬如法称前以立破为中心的时代，法称后因明和内明界限逐渐模糊的阶段。

② 这主要反映近现代学者的看法。

2. 汉传因明研究之路径、历史困境及未来趋势

古典研究时期，由玄奘开辟的因明之路越来越狭小，乃至于后期难以为继。除了因“吕才”事件引发的负面影响应该承担一定的责任外，其他的应该由更多的人负责，尤其是玄奘之后的历代僧俗。然而，不管我们如何强调这一点，因明发展陷入困境甚至绝境是自唐至清所发生的事实，这点是无法否认的。因此，汉传因明在那段时期的大部分时间内是失败的。当人们以为汉传因明在那一时期已成绝响时，一些很意外的发现总让人不得不重新审视因明的那段沉默期。除了国内学者的分阶段的研究外，吴江曾经提起过17世纪发生在中国的一则因明应用于本土佛教自卫的（反基督教）的案例。① 虽然与唐朝那种竞相注疏的盛景相比不足一提，但这也说明当初玄奘播下的种子依然存在，只不过它长期处于冬眠期，偶露峥嵘而已。不过，由此大概也不难理解为何清末民初汉传因明之花能如此灿烂地绽放了，仅持外因说显然不足以解释这种现象。

近现代的研究给了汉传因明以崭新的面貌，这一时期的研究之路既可以说是一条逻辑比较与归化之路，也可以说是一条可通往多个方向的可变通之路。对于前者，传统逻辑与现代逻辑所带来的观念及方法主导了该路径之方向和特色；对于后者，哲学、史学、宗教学、语言学等方面的研究大大拓宽了人们对于汉传因明的认知。此外，这一时期汉传因明所踏上的也是一条知识探求之路。从因明角度看，陈那体系的完善（如《集量论》的补充）以及法称的理论的影响使得量论研究成为重点，西方知识论所带来的观念和方法亦一并成为研究重点。前者是因明本体研究，后者则为比较研究，也是汉传因明研究的一个新的方向。显然，我们对于汉传因明所做的解读远没有结束，未来的汉传因明究竟会呈现什么样的形态，我们并没有足够的把握来回答它。不过，可以预期的是，汉传因明最终会和藏传因明以及国外的印度逻辑交融在一起。彼时之汉传因明和其他语言因明的区分或许只需以汉语作为标志，而无须考虑内容上的区别。

---

① 参见 Jiang wu，“Buddhist Logic and Apologetics in 17 th CenturyChina：an Analysis of the Use of Buddhist Syllogisms in an Anti-Christian Polemic”，*Dao*：*A Journal of Comparative Philosophy*，by Global Scholarly Publications. June，Vol. II，No. 2，2003。

第四节　五种研究范式

一　史学范式

目前国内学界对因明的研究第一种比较成熟的研究范式是史学范式，即从史的角度去研究汉传因明传承与发展的历程和概况，探讨汉传因明传承的特点、规律以及研究与发展的趋势，进而分析汉传因明兴衰的原因及其影响。姚南强的《因明学术史纲要》（2000 年）和沈剑英的《中国佛教逻辑史》（2001 年）是对因明进行学术史研究的早期代表作。近期的代表作则有张忠义、张晓翔、淮芳合著的《汉传因明史论》（2010 年）以及张晓翔的博士学位论文《汉传因明的传承与发展研究》（2010 年）等。

二　宗教学范式

从佛教本体出发，主要从认识论、知识论、教理教义的论证辩护等方面对汉传因明展开研究。如刚晓法师的《汉传因明二论》（2003 年）以及《佛教因明学》（2007 年）等。

三　语言学范式

从语言学（主要指自然语言）角度对汉传因明的古汉语文本进行注疏、考证训诂的研究，力求在一种最大限度恢复本原的情形下对古汉语文本进行现代的解释。这是中国学者最传统的一种研究范式，迄今为止所产生的成果也最为丰富。目前，以这种范式进行研究的国内学者主要有沈剑英、郑伟宏以及张忠义等，他们的代表作主要有：沈剑英的《因明学研究》（修订本，2002 年）、《因明正理门论译解》（2007 年），郑伟宏的《因明正理门论直解》（2008 年）、《〈因明大疏〉较释、今译、研究》（2010 年），张忠义的《因明蠡测》（2008 年）。尽管这些学者进行的研究并不能完全置于此种范式之下，但最具特色也最具价值的研究主要体现在这类范式中。

四　哲学范式

国外从哲学的角度解读印度逻辑早在 19 世纪就已经开始了，知识论研究是其主体。国内学界对因明的哲学研究的历史最早也不过是 20 世纪初的事，而且真正系统的研究似乎只是晚近的事。吕澂大概是这方面的先驱，他曾就因明中所具有的某些辩证法因素做了初步的探讨。[①] 近期倪梁康发表了一些很有分量的文章，主要是从现象学的角度来探讨因明中的哲学问题。[②] 总的来说，国内学界在这方面的研究依然处于起步阶段，高水平、多维度的研究还非常欠缺。

五　逻辑学范式

用逻辑学的眼光审视因明，以逻辑学的知识解读因明，甚至以逻辑学的技术改造因明，如此等等。清末民初以来，国内学者有意无意间都会将西方逻辑和因明（往往加上中国古代名辩学）进行对比研究，迄今已有百余年的历史，也取得了不少成就。然而，如果以为这类研究已经足够，应该考虑转向，恐怕还有点言之过早。实际上，逻辑学范式仍然是一种值得高度重视的范式。

① 参见吕澂《佛家辩证法》，载黄夏年主编《吕澂集》，中国社会科学出版社 1995 年版。

② 倪梁康：《从现象学角度看佛教因明中的遮诠问题》，《逻辑学研究》2008 年第 1 期。

第二章

汉传因明研究的逻辑转向*

百年来汉传因明的发展史表明，逻辑的传入对汉传因明的研究影响深远。为了说明这点，有必要简要回顾一下西方逻辑传入的历史。

西方逻辑传入中国最早可追溯至17世纪，《几何原本》和《名理探》的面世可作为其标志。前者是欧几里得的著作，后者对应的拉丁文原本名为“亚里士多德辩证法概论”。尽管后者所涉内容仅为原著的上编（即亚里士多德的十范畴理论和谓词理论）[①]，但因其触及亚里士多德的著作而别具意义。令人遗憾的是，这样两部不同风格的著作并未产生多大的影响，因而我们不得不接受这样的事实：由中国学者最早开启对三大论理体系进行比较研究的局面并未出现，更勿论对汉传因明的逻辑研究了。据说李之藻之所以参译《名理探》，是因为他想“拿逻辑为理学服务”，试图通过它来反对佛家因明论与道家无名论。[②] 然而，由于其译著中未包括真正能反映亚里士多德逻辑（含命题理论和三段论学说）的原著下编[③]，因而这种想法注定无法实现。

1886年，英国传教士艾约瑟的译著《辩学启蒙》在中国问世[④]，意味着西方逻辑的再度传入。如同第一次一样，此次传入也没有在学术界产生什么影响。

清末民初，西方逻辑第三次传入中国。其渠道有二：一是直接来自西

---

* 本章的主体内容是在笔者已发论文《逻辑的三次传入与汉传因明逻辑研究的转向》［《湖北大学学报》（人文社会科学版）2014年第3期］基础上的扩充。

① 参见宋文坚《逻辑学的传入与研究》，福建人民出版社2005年版。

② 参见汪奠基《中国逻辑思想史》，上海人民出版社1979年版。

③ 参见宋文坚《逻辑学的传入与研究》，福建人民出版社2005年版。

④ 参见宋文坚《逻辑学的传入与研究》，福建人民出版社2005年版。

方，二是来自日本。不同于前两次，此次传入在学术界产生了广泛而持久的影响。一方面，至20世纪30年代，中国学者不仅接触到西方传统的演绎逻辑（如亚里士多德的三段论）、归纳逻辑（如穆勒的“名学”），也对以罗素为代表的数理逻辑有所了解。这表明，不论是对逻辑本身的研究还是运用逻辑知识开展其他问题的研究，那一时期的中国学者已经具备一定的基础。另一方面，本次传入直接影响到几乎同期兴起的墨学和汉传因明研究。后者因而实现了一次重大的研究转向，即逻辑转向，新的研究模式及其系列成果正是其主要标志。关于这一点，曾祥云于1995年发表的《因明研究中的逻辑主义评析》一文可资参考。[①] 尽管该文的基调是批判性的，但也反映了逻辑传入我国后延续很久的影响力。暂且不论该文的观点，仅就本书感兴趣的主题而言，我们认为汉传因明研究新模式的产生受到了西方逻辑的传入以及汉传因明研究再度兴起的双重影响。

一般来说，与逻辑有关的汉传因明的研究模式大致有两种：第一种可称为“比较模式”，即比较西方逻辑和汉传因明之间的异同；第二种则为“阐释或解读模式”，即用西方逻辑的理论、方法来诠释甚至改造因明体系（如符号化、图式化等），或者说，这是一种以逻辑（元理论）研究汉传因明（对象理论）的模式。人们未必同意这种区分，而且即便同意也未必能自觉地应用它们。以后者来说，我们所能看到的情形是：人们在实际研究时总是不加区分地交替使用这两种模式。因而，在某些明言“比较”的文章中，往往夹杂不少第二种模式的成分，反之亦然。我们丝毫不怀疑人们即便不做区分也能很自如地使用它们，但严格地区分乃至自觉地使用它们无论如何都是值得提倡的。

比较模式始自清末民初，沿用至今。它受到不少学者的青睐，原因之一或许在于他们认为将这两种体系置于对等的地位，显得更为公正和合理。相对而言，阐释或解读模式引发的争议则要多得多。如何消除或消减这些争议？这实在是一件非常棘手的事。不过，本书无意在这方面多费笔墨，因为如下一些问题更亟待解决：人们利用这两种模式得出了哪些主要结论？这些结论是否恰当？如何得以成立？等等。下文将通过对启蒙（1896年至20世纪20年代初）、逻辑转向（20世纪20年代末至60年代）以及全面展开三个时期（20世纪70年代末至今）的一些代表人物的

① 参见曾祥云《因明研究中的逻辑主义评析》，《佛学研究》1995年第1期。

主要成果做适度的分析和评价，以期在一定程度上解决这些问题。

第一节　启蒙时期的研究

长期以来，人们一直将章太炎、梁启超视为开启逻辑、名辩学以及汉传因明比较研究模式的先驱人物。周文英曾认为，章太炎在其著作《原名》篇中所显示出来的思想实际上是他会同西方逻辑、中国名学和因明的基础上而形成的，而梁启超在《墨经校释》以及《墨子学案》两部著作中则将《墨子》中的论式与亚里士多德的三段论式、印度的因明三支论式进行了直接的对比。[①] 这种说法的确符合事实，也具有相当的代表性。但从逻辑与因明对比的角度看，我们更想知道：章太炎、梁启超是如何比较逻辑与因明的，有哪些重要结论，其观点或做法对后续的同类研究有怎样的影响，等等。

一　章太炎的研究

刘培育依据《国故论衡・原名》篇评价说，章太炎“在比较研究中的突出贡献是把《墨经》、因明和逻辑的论式做梳理和对比，得出了精彩的结论，即名辩、因明、逻辑三者皆为三支比量，但立量次第不同”，其对三者之间同异的比较，“对后世影响很大”。然而，“从论证的角度着眼，他推崇因明论式，而低评逻辑与名辩。今天看来，章太炎把《墨经》之辩式解释为初因、次喻体、次宗三支，与原典并非恰合；单纯从论证角度评价三种不同传统之推理论证方式的优劣，也不够中肯”[②]。尽管受限于篇幅，未做充分展开，但字字句句，言有所据，亦有所指，既有肯定，也指出其不足，非常精炼（此亦见之于对其他学者的评述中）。不过，站在本书的角度看，还需做些补充。

其实，在《诸子论学》和《原名》中，章太炎还表述了其他一些至今少有人提及的观点。第一，他认为因明和逻辑论式中三支排列顺序的不同是由“自悟悟他的不同”所致。这种以因明为本体的解释，与其一贯

① 参见周文英《中国逻辑思想史稿》，人民出版社 1979 年版。

② 刘培育：《名辩与逻辑、因明的比较研究——百年回顾与思考》，载《逻辑研究文集——中国逻辑学会第六次代表大会暨学术讨论会论文集》，2000 年，第 350—351 页。

推崇因明、低估逻辑的观念是一致的。然而，不论他以自悟悟他分别指称什么，据笔者之理解，不得不说其解释有误。如果将其原因改为“为自为他比量的不同”，尚有一些道理。第二，“然欧洲无异喻，而印度有异喻者，则以防其倒合。倒合则有减量换位之失，是故示以离法，而此弊为之消弭。村上专精据此以为因明法式长于欧洲”。[①] 章太炎援引村上专精的观点，大概只是为他推崇因明提供新的依据。仅就论式而言，说“异喻”印有欧无，“异喻”在因明论式中具有其独特的作用，倒也不失其真，但依此所得结论的可靠性是令人怀疑的。仅以因明的特异证其长于逻辑，恐难服人。第三，“大秦与墨子者，其量皆先喻体后宗。先喻体者，无所容喻依，斯其短于因明”[②]。很显然，这是章太炎用以证明因明长于逻辑（亦长于名辩学）的又一证据。将喻依与异喻体视为因明论式（非指法称时代的因明）异于三段论式的独特标识，这是无可厚非的。但他认为逻辑“先喻体，无所容喻依”，实乃牵强之说。而且，以喻依之存在作为因明优于逻辑的凭据，也不妥当。当然，章太炎的这些关注点却可以说明他对因明的研究是比较深入的。

如实而论，观章氏之所学、所述，他对因明的悟解确实达到了一个比较高的层次。而且，章氏的上述观点并未过时，至少后两种观点至今仍能启人深思。在这一点上，不仅梁启超不如他，其同时代的很多学者也不如他。当然，其对逻辑的了解和理解，即便不以今天的眼光看，在当时也还是狭窄和浅表的，至少不如梁启超精深。或许正是因为这一点，多少影响了其关于因明、逻辑比较的结论的可靠性。有学者认为章氏曾“广泛研读了西方的逻辑学著作。因此，他对亚里士多德、培根、穆勒等西方逻辑史上的代表人物的学说都有所了解”[③]。这似乎不大确切，因为仅凭章太炎所谓“参以近代康德、萧宾诃尔之书”[④] 是不足为据的。

二 梁启超的研究

关于梁启超，郑杰文曾就《墨子学案》指出，“就墨辩逻辑的方式和

---

① 章太炎：《诸子论学》，载朱维铮、姜义华编注《章太炎选集》，上海人民出版社 1981 年版，第 395 页。

② 章太炎：《原名》，载傅杰编校《章太炎学术史论集》，中国社会科学出版社 1997 年版。

③ 沈海波：《章太炎与因明学》，《湖北大学学报》（哲学社会科学版）1998 年第 1 期。

④ 章太炎：《自述学术次第》，载文明国编《章太炎自述》，人民日报出版社 2012 年版，第 51 页。

原则，梁氏比较了因明‘宗、因、喻’三支式，西方逻辑‘大前提’‘小前提’‘断案’三段式，与《墨论》所述逻辑论式的关系”①。近年有学者认为，早在1902年，梁启超就已开启先秦名辩学说与印度因明、希腊逻辑的比较研究。② 由此，我们对梁氏曾做过什么有了一个确切的认识，只是尚不清楚其做得如何。于此，刘培育提供了比较确切的说法。在他看来，梁启超在名辩学和逻辑的比较上“所用的方法基本是‘以欧西新理比附中国旧学’，即用西方逻辑‘比附’中国名辩学”，其“主要贡献是将名辩学与逻辑的名词一一对照”，尽管“在今天看来，确有不少欠准确之处，但在当时实在是一种创见，令国人惊叹而耳目一新，看到《墨经》中有实实在在的逻辑”。③ 这段评述最新颖也最令人深思的是，梁氏的研究让世人更直观地知道中国古代也有逻辑或与逻辑相近的东西，因而其意义非同一般。不过，关于梁启超是否做过逻辑与因明比较研究的问题，刘培育并没有提及，这大概与梁启超在这方面罕有明确表述有关。

的确，相比于章太炎，梁启超更为关注墨子论理学。逻辑与因明之间的异同，显然不是他关注的焦点。因而，我们在《墨子之论理学》《墨子学案》等著作中，所能见到的主要是墨子论理学和逻辑、墨子论理学和因明之间的比较，而逻辑和因明之间的对比约有两处。第一处，“因明学者，印度五明之一也。其法为因宗喻三段，一如希腊之三句法”④。即便我们不将“因宗喻三段”“希腊三句法”换成更通用的表述，也能明白梁氏所欲表达的意思，即因明论式和三段论式是相似的。这种粗糙的、过于简单的比较，或许正可说明梁氏对因明和逻辑之间的对比不感兴趣。第二处是在《墨子学案》中，作者分别展示了三种论理学的论式。在他看来，从墨经中可以整合出两种“和因明的三支极相类”的形式。而且，“西洋逻辑，亦是三支；合大前提，小前提，断案，三者而成”⑤。虽然采用了不同于因明、名辩学的表述（即宗因喻），但作者显然认同它们在形态上的相似，这与第一处的表述是一致的。不过，或许值得一提的是在《墨

① 郑杰文：《20世纪墨学研究史》，清华大学出版社2002年版，第79页。

② 参见姚南强《因明论稿》，上海人民出版社2013年版。

③ 刘培育：《名辩与逻辑、因明的比较研究——百年回顾与思考》，第349—350页。

④ 梁启超：《论中国学术思想变迁之大势》，《饮冰室之合集》（2）：文集之七，中华书局1989年版，第33页。

⑤ 梁启超：《墨子学案》，上海书店1992年版，第108—109页。

子学案》中，作者采用了一种与西方欧拉图或文恩图相近的直观图解来说明三种论式的正确性。他的这种比较对后来其他学者的研究产生了一定的影响。就这一点而言，他的开启之功是值得肯定的。

总体而论，章太炎、梁启超的主要贡献在于他们较早地开启了论理学比较的研究模式，为后继者的研究开辟了一条新的道路。以逻辑和因明的比较而论，章太炎重因明轻逻辑的观念，使其比较研究失衡，进而影响结论的准确性。但无论如何，他的研究还是比较精深的，因而理当受到更多的关注和肯定。与之相比，梁启超只看到了因明和逻辑论式大致的同，却未能指出二者之异，严格说来，这算不上真正的比较研究。因而，相对于章太炎，他在这方面的工作几乎是微不足道的。然而，在名辩学（主要是墨学）和逻辑（侧重于归纳逻辑）的比较研究方面，梁启超为后世树立了一个典范。他在这方面研究的影响已经扩展到后世学者对逻辑与因明、名辩学与因明的比较。在今天一些学者的著作中，我们依然能看到逻辑与因明的术语比照乃至交互使用的情形，这多少与梁启超的影响有关。

第二节　逻辑转向时期的因明研究

在章太炎、梁启超等先行者的影响下，越来越多的学者将其目光聚焦于因明领域，其结果是一大批汉传因明的研究成果相继问世。其中，影响比较大的有：熊十力的《因明大疏删注》、吕澂的《因明学纲要》、许地山的《陈那以前的中观派与瑜伽派之因明》、陈望道的《因明学概略》、释太虚的《因明概论》、虞愚的《因明学》以及陈大齐的《因明大疏蠡测》等。

鉴于这些成果大都出版于 20 世纪 20 年代末至 60 年代，因而从历史的角度看，将这一时期称为汉传因明研究的复兴期亦无不可。如果限定在本书所指的百年范围内，称该阶段为第一个汉传因明研究的高峰期，也是妥当的。然而，本书更愿意称之为“逻辑转向”时期。此非故作标新立异之举，实因其时逻辑的强大影响导致汉传因明研究发生了重大转向。至此，我们可以转向另一组重要问题，即这一时期的学者在与逻辑有关的因明研究方面做了什么工作？该如何评价它们？

一　吕澂、虞愚、陈望道的比较研究

这一时期的学者中，吕澂以其深厚的佛学功底、敏锐的学术触角、严谨的研究作风、卓越的语言天赋以及开拓性的文献整理、勘定工作而著称，其成果的学术价值之高，已得到公认。对于这样一位在国际学界占有一席之地的著名学者，予以更多的关注是理所当然的。尽管本书受限于研究的主题，只能从逻辑的角度考察其研究成果，所及有限，但应该也能增进我们对于吕澂的研究。

（一）吕澂的研究

吕澂的早期因明研究模式基本上是沿袭传统，几乎不触及逻辑。例如，在《因明学纲要》（1926 年）中，我们只见到一处提及“逻辑”，而且只是一带而过。[①] 自 20 世纪 50 年代起，“逻辑”才开始频繁进入其著作。

与章太炎等先驱者做法相同的是，吕澂也将逻辑和因明论式的同异性比较作为重点，而且也认为陈那时期的三支论式和逻辑的三段论式的“次第不同”。然而，三种观点却显示其独特之处。（1）因明成形的时间晚于正理，更迟于西方逻辑。因而，希腊三段论受了印度正理的影响的观点是不能采信的。[②]（2）陈那的《集量论》中“随处阐明的思维逻辑里运用矛盾律的法则，和着重同一律的希腊逻辑对照看来，显然放了异彩”[③]。（3）关于三支论式和三段论式的对比。在陈那时代，三支论式很像形式逻辑的三段式，但二者之间也存在不同之处。首先，次第不同。其原因在于：“印度提出论证都是在辩论的场合，所以有必要先把结论提出来，然后一步一步地去论证。因明不像形式逻辑那样把三支格式看成从已知到未知的方法。”[④] 其次，二者的形式和内容也不尽相同。三段论式是演绎推理，而三支论式则“包含归纳的意味”，而且，“形式逻辑的直言判断（全称肯定判断），结论预先就包括在前提里。……而因明的三支还

---

① 参见吕澂《因明学纲要》，中华书局 2006 年版。

② 参见吕澂《佛教逻辑——法称的因明说》，《吕澂佛学论著选集》（四），齐鲁书社 1991 年版。

③ 吕澂：《佛教逻辑——法称的因明说》，第 2401 页。

④ 吕澂：《因明入正理论讲解》，《吕澂佛学论著选集》（三），齐鲁书社 1991 年版，第 1512 页。

要求举出例子，如‘瓶等’，这就兼有归纳推理的意味了”。[①]

到了法称时代，改革后的三支论式和三段论式次第相近。“三支改成因宗衔接的次序，证成了宗，就可用作新的因去做进一层的推论，辗转相续，可以展开无穷。”[②]

以现代的眼光看，上述看法中：（1）是成立的，将因明和逻辑之比较追溯到源头的做法是值得肯定的；（2）中所谓希腊逻辑着重同一律的说法恐怕难被认同；（3）中关于三段论式是由已知到未知的看法，恐难得到认可。不过，其关于陈那、法称时代因明论式之比较以及法称论式与三段式之比较的做法在国内开了研究之先河，这是值得特别肯定的。而关于陈那时代的三支论式既是演绎的又兼有归纳的意味的看法，一度成为汉传因明学界主流的看法，甚至到了今天依然占据重要地位。只不过这种观点，虞愚早在1936年就已提出过。因此，不论吕澂是借鉴还是独自提出它，我们都能断定他不是提出此观点的第一人。但可以肯定的是，该观点经由吕澂的强化，对后世的影响更大。此外，其对于陈那时期三支论式的次第不同于三段论式的解释极有见地，也极富启发意义。譬如，它至少提醒我们在做因明和逻辑的同异性比较时，还要考虑历史背景和语境等方面的因素。

（二）虞愚的研究

与吕澂不同的是，虞愚不仅对逻辑的兴趣更浓厚些，而且有意识地将逻辑与因明学进行比照，其于20世纪30—50年代出版的著作可资证明。在其早期著作《因明学》（1936年）中，我们看到，虞愚不仅对西方逻辑的发展脉络、传统分类（如演绎与归纳）及其主要特点有一定程度的了解，而且对西方古代的斯多葛学派以及近现代的笛卡尔、罗素、布尔等数理逻辑的代表人物有所提及且有所点评，这是当时因明学研究者中少见的。

三支论式与三段论式之同异比较成为虞愚的研究重点，无疑与章太炎等先驱的影响有关，实际上他也沿用了前辈学者的若干观点。譬如，他在《因明学》中指出，两种论式“同为三部所组成”，“惟其次序略有不同”，喻依为因明论式所独有。[③] 而在《印度逻辑学》中，他像章氏一样

① 吕澂：《因明入正理论讲解》，第1570页。

② 吕澂：《佛教逻辑——法称的因明说》，第2429—2430页。

③ 虞愚：《因明学》，载刘培育主编《虞愚文集》第1卷，甘肃人民出版社1993年版，第32页。

指出了“异喻体”的独特性。[①] 不同的是，虞愚针对两种论式之异，做了更为深入的分析和解释。

在虞愚看来，三段论式“非由既知推求未知，直以既知包括未知”，而因明论式则相反。对于二者孰优孰劣的问题，他选择了一种隐晦的、间接的，而不是直截了当的回答方式。他认为，因明的三支论式更合乎“思想进行之自然程序”，对于要证明的宗，“因明以因支三相之具阙作邪正之准，绳实可补逻辑充足理由原则之不足”[②]。进而，他通过实例试图说明三段式的大前提未经经验证实故不可靠的观点。这显然是受穆勒等人的归纳法以及詹姆斯、杜威之流所谓“实验逻辑”的影响所致。假如我们由此就认为虞愚更青睐于归纳而不是演绎，那一定是对他的真实意图有所误解。他只不过是借此为因明论式中的“归纳意味”寻找可辩护的依据而已。

虞愚还试图将上述比较扩展到学科层面，虽然其大部分看法在今天恐怕很难得到认同，但逻辑不如因明那样注意过失论的观点在那个时代无疑是新颖的[③]，当今学者沿此方向所做的更为深入的研究，不能说和他的观点没有关系。可惜的是，虞愚只是指出它但并未沿此方向深入研究下去。因而，与同时代的陈大齐的研究相比还有一定的差距。

在《印度逻辑学》中，虞愚除了以更为明确的表述强化之前的若干观点外，似乎没有提出什么有价值的观点。不过，他将逻辑细化到演绎、归纳两个层面去与因明进行比较[④]，这较之前人倒也算是一种进步。虽然虞愚后期还发表过两篇关于这类研究的论文（《因明的基本规律》和《印度逻辑推理与推论式的发展及其贡献》），但与前期相比，总体而言，除增添了不少逻辑术语外，其对逻辑的认识似乎没有多少增长，观点也没有新的突破，甚至出现了一定程度的紊乱。从这个角度讲，其早期的著作更值得关注。

（三）陈望道的研究

陈望道之所以受到因明学界的关注，主要是因为他是我国最早出版白话文因明专著（《因明学概略》，1931 年，世界书局刊印）的学者。从逻

① 虞愚：《印度逻辑学》，载刘培育主编《虞愚文集》第 1 卷，第 163 页。

② 虞愚：《因明学》，载刘培育主编《虞愚文集》第 1 卷，第 32 页。

③ 参见虞愚《因明学》，载刘培育主编《虞愚文集》，甘肃人民出版社 1993 年版。

④ 参见虞愚《印度逻辑学》，载刘培育主编《虞愚文集》，甘肃人民出版社 1993 年版。

辑与因明的比较看，其关注点也是三段论法和三支作法。他认为：前者是一种思维的法式、是在演绎断案、是以思维正当性为目的，而后者则是一种辩论的法式、是在证明断案、是以辩论胜利为目的；前者对过失论的关注度不如后者，而后者则是一种混合归纳法，后者中的因不像前者备列命题的全形。[①] 董志铁认为陈望道的观点受大西祝的《论理学》影响很深，但其文扩展了因明的影响。[②] 笔者以为这个评价非常恰当。一方面，肯定了其传播之功；另一方面，也指出了其传播的主要是原著者的观点。

二 《因明大疏蠡测》中的逻辑解读和比较研究

陈大齐自称早期的因明研究曾受到日本学者的影响[③]，具体体现在哪些方面，他并没有提及。这对于我们判断其研究的独立性方面增设了一点障碍，但从他只在“序”中提及，而在《因明大疏蠡测》中未见只字引用的角度看，这部历经数载写成的著作展现的基本上是其独立研究的成果。显然，指明这点并非多余，因为这是我们评价该著作学术价值需要考虑的一个重要因素。

陈大齐对因明和逻辑都有较高的造诣，这使得他在因明的逻辑研究方面具有一定的优势，我们很自然会相信其所得结论的可信度。实际上，《因明大疏蠡测》中的内容基本上没有辜负我们的信任。或许可以这么认为，该著作在因明义理的研究、因明的逻辑解读、因明与逻辑的比较等方面所展现的深度和精确度总体上超越了前期及同期的其他著作。如此评价是否恰当？书中自有答案，而《因明大疏蠡测》将是我们的首选。至于其另外两部著作（《因明入正理论悟他门浅释》《印度理则学》），则基本上继承了前期著作中的观点。当然，在表述方式上的确有明显变化，譬如语言上更现代、更通俗等，在逻辑观和因明观上也有些微变化，但总的来说未有大的突破，故即便有所提及，也仅作参照。

如其书名所示，陈大齐的研究对象直指《大疏》，具体则指其中的因明，而不是逻辑，也不是逻辑与因明之间的同异性。这点在“序”中展露无遗：为参透《大疏》中的因明大法，“间亦旁准逻辑，期得正解，以

① 参见陈望道《因明学概略》，中华书局 2006 年版。

② 参见董志铁《日本大西祝〈论理学〉的翻译及其“因明篇”的影响》，《因明》第四辑，甘肃民族出版社 2010 年版。

③ 参见陈大齐《因明大疏蠡测》，中华书局 2006 年版，“序”。

释其疑”[1]。无疑，逻辑在其著作里只被视为配角。然而，就本书的关注点来说，《因明大疏蠡测》中的逻辑和因明将同时成为主角。更准确地说，当逻辑被用作解读因明的辅助工具或理论时，本书将关注它是如何发挥作用的；当它被用作因明的比较对象时，比较所得的结论将成为本书的述评对象。不过，本部分通过考察那些具有代表性的例子，只是部分而非全部地展示陈大齐在应用逻辑解读或比较因明方面的成败得失，有些重要的结论或观点将在下一章节予以展示。

（一）逻辑解读下的因明

笼统地说，东西方的论理学或理则学在“理”上是相通的，这似乎早已成为中外学者的共识。中国学者自启蒙时代起似乎就坚信这点，因而逻辑被陈大齐用作解读因明的辅助工具时，恐怕与此有很大的关联。如此，当不难理解为何他在实际研究中总是强调“因明之理亦合逻辑之理”了。毫无疑问，明确这点将有助于我们从总体上去把握陈大齐的基本思路，亦能理解其多数做法。接下来的若干实例分析将能说明一二。

实例 1：在“宗义一分为因”部分[2]，为证明以宗中能别或所别为因的错误，陈氏分别从因明和逻辑两个角度做了分析。比量式“声是无常，是无常故”与“声是无常，是声故”都不是正量。从逻辑的角度看，它们都犯有循环论证的错误；从因明的角度看，前者中的因是一种“他随一不成”的似因，后者中的因则是一种“不共不定”的似因。

无疑，他对第一个比量的评析是正确的。但亦应指出，由“声是无常”到“声是无常”，这在推理上并没有问题，只不过在论证上没有意义而已。关于第二个比量的评析，情况则要复杂得多。从因明的角度看，《疏》《纂要》以及《义心》都认为这类例子中的因犯有“所依不成”过，“无所依故”。陈大齐对此不以为然，其看法是：以“声”依“声”并无不可，故“无所依”之说不成立。因而，此因过当另做解释。最终，他将此因判定为“不共不定”因。这个判定没有问题，但其解释则让人困惑。首先，既然与宗有法相同的因法（“声”）已被除宗有法了，则因法于同异品皆不转，因成犹豫，故称之为“不共不定”因。陈大齐没有采用这种他一贯坚持的除宗有法来解释，而是举出若干例子来说明因在同

① 陈大齐：《因明大疏蠡测》，第 1 页。

② 陈大齐：《因明大疏蠡测》，第 28—30 页。

异品中都不转。不仅没有切中要害，反而显得不够严密。其次，他认为如下的比量是正量，因为“衡以逻辑，三名具备，判以因明，三相具足”[①]。①某火必热，以是火故，譬如余火。②某烟下有火，以是烟故，譬如余烟。③此火有热触，以是火故，犹如余火。

这种判定并没有错，但《疏》中所含且其本人似也认可的看法则是因明论式只许全称不许特称。[②] 那么，上述比量都含单称，难道因明比量仅为它们破例？若非如此，则其判定与其认可的说法岂非不合？另外，他从逻辑的角度所做的判定也有问题。他认为，写成三段论法的比量“火有热（大前提），火是火（小前提），故火有热（结论）”只有两个词项，因而不合三段论之理。接着，他转换角度经分析后判定，以“火有热”（大前提）去证“火有热”，犯有“循环论证”之错。令人奇怪的是，以因证宗，因才是重点，小前提（即因“火是火”）为何被其视而不见呢？以此而论，他判定此例为“循环论证”之说有点牵强附会，因而是不严格的。

实例2：在“同品非有异品非有”部分，陈大齐沿逻辑、因明两个方向对九句因中的第五句因进行分析，分别得出了两个结论，即第五句因（1）“衡以逻辑直接推理，应非可能”[③]。（2）“分析言之，在立为同品有非有异品非有，在敌为同品非有异品有非有，与逻辑理亦复相符。”[④] 显然，欲弄清楚他何以得出这样两个看似矛盾的结论，除了深入考察其过程别无他法。

为了论证（1），陈氏采用了烦琐的文字形式而不是上述更为简洁的符号形式[⑤]，虽然他对换质位法的运用是娴熟而正确的，其所得结论也是非常明确的，但该结论显然不是他所期待的，因而他转而寻求因明方面的解释。

如上文所述，陈大齐一直持有“因明之理亦合逻辑之理”的主张。在对第五句因的解释上，我们将看到他是如何强化这点的。依其看法，第五句因的设定自有原因，而且它不会与逻辑相违。以“声常”宗为例，

① 陈大齐：《因明大疏蠡测》，第30页。
② 参见陈大齐《因明大疏蠡测》，中华书局2006年版。
③ 陈大齐：《因明大疏蠡测》，第54页。
④ 陈大齐：《因明大疏蠡测》，第56页。
⑤ 参见陈大齐《因明大疏蠡测》，中华书局2006年版。

依因明通例，宗同品当指除“声”以外的一切常品。因而，“同品非有”在形式上指的是“一切同品皆非因”；但从立敌两个角度看，其实质所指却不一样。立者的实质所指为“有些同品非因”，敌者的形式与实质所指是同一的。立敌双方所言的“异品非有”，在立者，其形式和实质所指同一；而在敌者，其形式所指为“一切异品皆非因”，而实质所指则为“有些异品非因”。如此，当可得出上述结论（2）。虽然作者并未明确表述，但他显然很清楚，造成这种差异的本质原因在于除宗有法。

那么，这样两个表述明确的结论是否正确呢？从推理的角度看，“同品非有”的确推不出“异品非有”，反之亦然。仅以此而论，他是正确的。然而，他进一步得出的结论［即结论（1）］却有些问题。两者不能互推显然不能成为两者不能并立的理由，除非能证明两者之间具有矛盾关系。也就是说，“同品非有异品非有”并非真与直言推理相违。

那么，这两个表述明确的结论是否正确呢？从推理的角度看，“同品非有”的确推不出“异品非有”，反之亦然，以此而论，他是正确的。然而，他进一步得出的结论［即结论（1）］却有问题。两者不能互推显然不能成为两者不能并立的理由，除非能证明两者之间具有矛盾关系。但实际上，他没能证明这点。因此，“同品非有异品非有”并非如他所想的那样真与直接推理相违。或者更准确地说，不是他所表述的那样相违。其实，从他也认可的同品与异品之间的矛盾关系上，可以很快确定因不可能在同、异品中都有，也不可能都是非有。可惜借助直言推理没有完全得到他想要的结果。

显然，陈大齐费了不少力气才得到了第二个结论。不过，与其说结论本身倒不如说其论证过程所应用到的除宗有法更发人深省，或者说更有价值。毫无疑问，后者在这个论证过程中发挥了关键的作用。如果我们能接受陈大齐关于同异品皆须除宗有法的看法，那么恐怕也得接受他的这个论证，进而接受其结论也是理所当然的。然而，如果全盘接受他的观点，那么我们如何应对第五句因究竟存不存在的问题呢？如若存在，则上述论证过程，它实际上已被消解，从而导致第五句因名存实亡。如若不存在，则我们如何解释“声常，所闻性故”中的因？而且，麻烦还不只这些。如果我们认同结论（2），则九句因中的其他因的言陈和意许（即陈大齐所谓形式与实质）是否也要逐一解释？如此看来，除宗有法所引发的问题远比想象的要复杂得多。当今某些学者围绕它反复争论，就一点也不令人奇怪了。关于这点，后文再论。

以上两个实例，大致能表明：尽管与同期的其他学者相比，陈大齐对逻辑的运用更为专业，也更娴熟，而且我们也不怀疑他的若干解释既能助其自悟亦有益于悟他，但如上所析，他应用逻辑去解读因明时并不总是成功的。那么，当其将逻辑与因明放在一起进行比较时，又是怎样的一番情形呢？接下来，我们将沿此方向去分析他的研究。

（二）因明与逻辑之同异

总的来说，章太炎重因明轻逻辑，虞愚亦有此倾向，只是不如前者明显而已。陈大齐则与吕澂的观点相近，更倾向于认为逻辑的严密程度要强于因明，但因明亦有其特异之处。《因明大疏蠡测》“序”中对逻辑与因明的总评表明了这一观点①，基于此，他尤其致力于因明的“有无体”及“自他共”的研究。对于前者，通过结合有法的有体无体、能别的有义无义以及“自他共”之说，他提出了16种关于宗的有体无体说法。这较之吕澂、熊十力的研究更为详密。② 于后者，他那一整套说法，皆可视为依托唐疏所做的现代阐释。这些研究无疑为揭示因明的特异性提供了新的视角。当然，上述的总体看法源于局部的、具体的比较。因而，对于它们是如何建立起来的问题，我们只能从其所做的局部比较入手。

重点研究因明论式与三段式之同异，这是中外学者一贯的做法，陈大齐亦不例外。其总的看法有两种。第一种，二者形似。从语句或命题上看，同为三支或三段。从语句或命题内部看，则因明中的有法、能别、因，相当于逻辑中的小词、大词、中词。从概念或词项的关系看，则有法能别“体”“义”之分，似为内涵之说；有法能别“局”“通”之别实为外延之论。③ 第二种，二者之间的差异也非常明显。“察其作用，繁简互异。逻辑三段论法，纯粹演绎，不摄余事，因明三支作法，于演绎中兼寓归纳。”④

如果说这些观点已足以表明陈氏的高明，那么我们还将看到，散见于其著作中的其他一些观点也是很有见地、很具启发性的，对后继者的研究产生了很大的影响。

譬如，其所提出所谓因明论式的“AAA式”之说，曾经流行一时。

① 参见陈大齐《因明大疏蠡测》，中华书局2006年版。

② 参见陈大齐《因明大疏蠡测》，中华书局2006年版。

③ 参见陈大齐《因明大疏蠡测》，中华书局2006年版。

④ 陈大齐：《因明大疏蠡测》，第62页。

尽管我们今天不再赞同这种观点，但他论证该说法的过程却有不少值得探讨的东西。一方面，他注意到比量的正量和三段论的有效式的不同，进而将二者的比较深入了比量背后的若干要素或原理（如因三相、同异喻体的特点等）以及三段论的格与式的层面，这是其前期、同期的学者未能做到的，迄今为止也只有极少数学者能触及这些层面。我们不得不说，陈氏对逻辑的理解和应用在那个时代是高人一筹的。而且，他列举的那些依据尽管未能有效支持其说，但都含有一些合理的成分，这为后续的研究提供了有价值的线索。

至此，在陈大齐的著作中，我们实际上看到了两种模式的交替应用。尽管他的初衷是借助逻辑来解读因明，而实际应用过程更多展现的似乎是比较。但可以确认的是，他已开启了第二种模式，而且取得了一定的成功。此外，我们还应该注意到，在那个时期运用逻辑知识进行汉传因明研究的学者中，就研究的系统性、自觉性以及逻辑技术运用的娴熟程度而言，他是第一人。或许可以说，这一时期与逻辑有关的汉传因明研究，至陈大齐达到了顶峰。

第三节 全面展开时期的研究

我们将 20 世纪 70 年代末至今的这段时期称为“全面展开时期”，主要是基于这一时期汉传因明研究的总体特征的考虑。譬如，多向度发展的趋势、研究模式的更替、研究范围的日益扩大、研究成果的不断涌现，等等。客观而言，这一时期值得探讨的东西很多，值得关注的研究者也很多，用更大的篇幅来继续之前的评析是理所当然的事，但考虑到其中相当一部分内容可列入下一章的专题讨论，因而本部分除了介绍巫寿康的研究外，针对其他学者的研究也做了适度的点评。

倘若说因明论式与三段论法的同异性比较是上一时期因明研究的主旋律，那么这一时期的研究更加开放，因而也具有更多新的色彩。然而，不可否认的是，在相当长的一段时间内，三段论法仍然被相当多的学者视为逻辑的代表而继续在解读因明或与因明比较中担当重要的角色。从学术的角度看，我们自然很期望看到更多的进步。但考虑到 20 世纪 60 年代中期至 70 年代末的中国所经历的特殊情形，我们不能苛求这一时期汉传因明的逻辑研究在开始阶段就能全面超越前一时期。更具体地说，我们不能苛求那时的因明学者持有的逻辑观能很快超越三段论代表的传统逻辑范畴。譬如，作为第三时期因明研究的代表人物，沈剑英的《因明学研究》（1985 年）、《佛家逻辑丛论》（2011 年）、《佛教逻辑研究》（2013 年）等，郑伟宏的《佛教逻辑通论》（1996 年）、《因明正理门论直解》（1999 年）等著作，其中所涉及的逻辑或者尚未彻底摆脱三段论的束缚，或者尚处于传统逻辑的范畴。直到霍韬晦的《佛教逻辑研究》以及巫寿康的《〈因明正理门论〉研究》的问世，才标志着因明学者在逻辑观上的突破。可惜的是前者甚至都不承认归纳属于逻辑的范畴，导致他很快陷入另一种局限。因此，可以概括地说，至少在 20 世纪后 20 年内，就逻辑观以及现代逻辑技术的应用而言，在汉传因明的逻辑研究方面真正有所突破的中国学者只有巫寿康。关于这点，我们不妨从其代表作《〈因明正理门论〉研究》中寻找依据。

一 巫寿康的《〈因明正理门论〉研究》

《〈因明正理门论〉研究》正式出版于 1994 年，这是以巫寿康的博士学位论文为蓝本进行校订整理后的一部专著。在该书的“前言”部分，作者明言要以传统形式逻辑以及罗素、怀特海的数理逻辑为工具来研究《因明正理门论》。纵观其全书，他也确实自始至终贯彻了这一想法。从其实际运用的逻辑理论看，若以 1879 年弗雷格发表的《概念文字》为界，则既涉及之前的传统逻辑理论（如词项逻辑和命题逻辑理论），也涉及之后的现代逻辑理论（罗素的理论）。仅以此而论，巫寿康的研究即已超越国内先驱及其同时代的同仁。

在方法论上，作者也充分发挥了其擅长数学及数理逻辑的优势。这点在其对《因明正理门论》中的因三相、九句因以及三支论式等重要组成部分进行符号化或形式化处理，并且依据《数学原理》中的定理进行相关证明时，表现得相当明显。其工作大致可分为三步。第一步，以《因明正理门论》中的基本词项（如同品等）、基本命题（如因三相及三支论式等）为对象，依托数理逻辑中的符号将其形式化。第二步，将符号化后所形成的公式纳入数理逻辑的体系进行分析和证明，由此判定陈那体系的合逻辑性。第三步，依据所能达到的形式化程度和传统形式逻辑、数理逻辑进行比较，找出《因明正理门论》的特质或优点，进而给出一个恰如其分的评价。

借助其博士学位论文答辩委员会的一段评语，或许能加深我们对巫先生工作的卓越之处的理解：

> 本文发现《因明正理门论》是世界上最早能处理主词不存在命题的逻辑，又揭示了三支论式和三段论两者是互不包含的相对独立的两种推理形式，最后用数理逻辑工具揭示《因明正理门论》思想体系的一致性，从而论证了一千五百多年前的陈那学说具有比较高的逻辑理论水平。①

上文所提及的三个方面，在《〈因明正理门论〉研究》中都可以找到实证。第一，关于主词不存在的命题的处理问题。作者指出，传统形式逻辑只能预设主词的存在，而不能断定主词不存在的命题的真假。这表明传统形式逻辑无法处理这类问题。尽管弗雷格之后的数理逻辑已经能够解决这个问题，但相对于《因明正理门论》来说已经晚了一千年。作者得出此结论的依据是《因明正理门论》中九句因、因三相以及三支论式的相关命题的真假判定。② 第二，关于因明三支论式与三段论式相互独立的问题。作者依据概念、判断、推理以及判定标准方面的不同来判定，二者各具独立性。③ 第三，关于《因明正理门论》思想体系的一致性问题。在作者看来，“相违决定”在《因明正理门论》中被判定为一种应该避免的错误，而确保一个理论系统的一致性才是避免该错误的前提。④ 然而，作者在其著作的第一章里就明确指出，《因明正理门论》原文中关于同品的定义导致该理论体系出现了矛盾。基于这一点，作者提出应该对这个定义进行修改。因此，评语中所谓用数理逻辑证明了陈那体系的无矛盾，是针对修改同品定义之后的体系而言的。

需要指出的是，作者在对《因明正理门论》中的自然语言表述进行符号化处理的过程中，几乎每一步都列举出所依据的原文。这种处理方式展现的态度实际上为从事此方向研究的因明学者树立了典范，而且在一定程度上消除了那些担心符号化处理会给汉传因明带来破坏性的学者

① 巫寿康：《〈因明正理门论〉研究》，生活·读书·新知三联书店 1994 年版，第 2 页。

② 参见巫寿康《〈因明正理门论〉研究》，生活·读书·新知三联书店 1994 年版。

③ 参见巫寿康《〈因明正理门论〉研究》，生活·读书·新知三联书店 1994 年版。

④ 参见巫寿康《〈因明正理门论〉研究》，生活·读书·新知三联书店 1994 年版。

的顾虑。[①]

尽管评委会对巫寿康的工作给予了很高的评价，但也毋庸讳言，其著作中依然有不少值得商榷的地方。譬如，在对同品符号化处理上，他将同品和所立法等同。再如，为了保证陈那体系中的若干要素能用《数学原理》中的一些定理来证明，作者对于因三相的第一相的符号化处理过于勉强。本部分只能点到为止，更详细的情形当后文专论。

二 余论

如果仅强调巫寿康所做的工作而忽略其他学者的贡献，那有失公允，而且对于后续的研究也是相当不利的。据实而论，巫寿康的研究既以前人的工作为基础，也参照了其同时代的其他学者的研究成果，这一点可从其著作附注的参考文献看出来。因此，除了前面所提及的一些先贤的工作外，20 世纪 80 年代后涌现的一批学者的工作也不能忽略，毕竟他们在因三相、三支论式、过论等因明核心内容与西方逻辑的比较研究以及对因明进行逻辑解读方面提供了更多的可能。依笔者之见，这一批学者中沈剑英、郑伟宏、张忠义等人的研究更值得关注。例如，沈剑英试图将语言逻辑的一些新元素（如语用学和语义学等）融入汉传因明的逻辑研究中的做法，对我们寻找新的研究思路是很有启发意义的。[②] 郑伟宏对逻辑与因明之间的比较研究似乎一直有着浓厚的兴趣，相对于其他学者，他在这方面所做的探讨无疑更多，所触及的范围也更广，就此类研究中的问题所做的评论引发的争议也更多。不过，他针对因明论式的逻辑性质所提出的类比说，更令人印象深刻。这方面的详情，拟在下一章讨论。张忠义试图从变项的角度讨论三大逻辑系统的不同[③]，提出从现代非经典逻辑（如相信逻辑）、法律逻辑、语言逻辑的角度做尝试性研究的理念[④]，很可能引发更多的后续研究。特别值得一提的是他与张家龙的合作，应用一阶逻辑的方法去分析和解释因明论式[⑤]，为我们提供了一个因明学者和逻辑学者成

① 例如，顺真就在其翻译的《佛教逻辑学之研究》（［日］武邑尚邦著，中华书局 2010 年版）“译者序言”中就表达过这种忧虑。

② 参见沈剑英《佛家逻辑丛论》，甘肃民族出版社 2011 年版。

③ 参见张忠义《中国逻辑对“必然地得出”的研究》，人民日报出版社 2006 年版。

④ 参见张忠义《因明蠡测》，人民出版社 2008 年版。

⑤ 参见张忠义、张家龙《从现代逻辑观点看印度新因明三支论式》，《哲学研究》2008 年第 1 期。

功合作研究的范例。

尽管这些学者各自的切入点不同、研究方法不同、所依托的逻辑理论不同、所持的态度不同，但这些不同无疑丰富了汉传因明的逻辑研究成果。由于他们的工作，我们不仅对于汉传因明体系的逻辑性质有了更为明晰的认识，而且还认识到对汉传因明进行更多维度的逻辑研究的可能性。例如，我们从过去仅仅依托传统形式逻辑和数理逻辑方面的理论成果，开始转而求助于现代语言逻辑、非形式逻辑等方面的最新成果，等等。然而，这些学者的研究也存在不少问题，其原因则是多方面的。就本书的主题而言，对他们所做研究评析理当占有更多的篇幅，但如前文指出的，另文评论会更恰当些。

第三章

汉传因明逻辑研究的三种学说

自玄奘将印度佛教的陈那学说有选择地引入中国以来，我们实际拥有了一门新的学问（汉传因明），也就有了此名目下的研究（汉传因明研究）。唐代高僧针对“二论”（即《因明正理门论本》和《因明入正理论》）的诸多疏解实际上代表了此后一千多年的基本研究模式，即我们今天所称谓的古典研究模式。清末民初西方逻辑的第三次传入，以及日本学者的先行研究，导致汉传因明研究发生了重大转向——逻辑转向。百年来中国学者沿此方向进行的研究，取得了不少积极的成果，其中最具代表性的莫过于论式研究方面的三种学说：演绎归纳说、归证说、类比说。它们都具有鲜明的特点以及相当大的影响力，皆可视为不同阶段以逻辑解读因明的结果。实际上，归证说和类比说可视为演绎归纳说的变异。从这个角度看，演绎归纳说几乎涵盖了百年来所有中国学者对因明的逻辑思考。

第一节　演绎归纳说

笼统而言，演绎归纳说指的是那种主张三支论式既有演绎也有归纳成分的学说，它实际上只是一种比演绎兼归纳或归纳兼演绎说更中性的表达。[①] 以如下的比量为例[②]：

① 按照我们通常的理解，演绎兼归纳说中演绎的味道更浓一些，归纳兼演绎说则相反。

② 出于分析方便的考虑，该比量并未完全按照因明典籍（如《因明正理门论》等）中的表达方式。

声无常	（宗）
所作性故	（因）
诸所作皆无常，犹如瓶等	（同喻）
诸非无常皆非所作，犹如虚空等	（异喻）

依照此说，上述比量实际包括两个过程。第一，形成同、异喻体的归纳过程，即同喻体（如“诸所作皆无常”）由同品（包括同喻依，如瓶等）归纳形成，异喻体亦类似于此。第二，由因、喻支合证宗支的演绎过程。

值得注意的是，中国学者对这两个过程的研究并不均衡，他们尽管很重视论式的演绎性问题，但在实际研究中似乎更侧重于前一过程。一种很自然的结果是因明异于逻辑的特征（即归纳特征）得到了充分展现。关于这方面的基本要义可概括为八个方面。（1）喻依的存在是归纳的标识。（2）同、异品为归纳之始。（3）因后二相为归纳之所本。（4）同、异喻体既是归纳之果，亦是演绎之始。（5）先归纳后演绎为三段论法所无、三支论式所独有的特征。（6）论辩特质是三支论式区别于三段论法最根本之点，除宗有法则体现此特质。（7）喻依的存在，除宗有法的特点，使得陈那的论式尚不具有纯粹的演绎性。（8）喻依的虚存，不共不定因、相违因的消去，因的种类的重新界定，使得法称论式具有演绎的性质。

至于其演绎过程的解读，像印度、日本以及西方学者一样，中国学者早期依靠的主要是三段论理论和欧拉图或文恩图之类的方法。这方面的情形在上一章中有所展现，只是在那里演绎归纳说尚未成为重点，因而相关的分析也未能深入。本节将以陈大齐和巫寿康的学说为主、其他学者的观点为辅对中国学者的演绎归纳说做一个适当的回顾与概括。①

一　《因明大疏蠡测》中的演绎归纳思想

相比于其生前身后的大多数学者，陈大齐在《因明大疏蠡测》中提出的演绎归纳说内涵更为丰富，也更具代表性。他的观点似乎对后来的霍

① 此处主要就逻辑研究方面表现出来的专业性和系统性而言，或许可将他们视为百年来前后期的两个代表，陈大齐代表的是传统逻辑方向，巫寿康则代表了数理逻辑的方向。此处的选择并无否定其他学者在这方面所作贡献的意图。

韬晦、巫寿康、郑伟宏等学者都产生过不同程度的影响[①]。而且，下文将要提及的归证说、类比说也与之有着密切关系。以将要展开的内容而论，假如说从陈那因明论式是“演绎中兼寓归纳”[②] 这样的观点尚看不出他有多少独特之处，那么在演绎中如何寓有归纳，与西方逻辑中的演绎和归纳如何不同等方面，其观点就显得异乎寻常了。

（一）归纳说

关于归纳，陈大齐认为因明论式的归纳过程是沿下列路径进行的：

> 宗同异品（含同异喻依）→因三相之后二相（“同有异无”）→论式中的同异喻体。

譬如上文的比量式，无常品（宗同品）为证实所作性（因法）与无常（法）之间的不相离关系提供归纳材料，同喻依（如瓶等）则提供具体的事例佐证前者。检查所作性因是否于无常品（宗同品）中定有、于常品（宗异品）中遍无，这个所谓“同有异无”的过程，实质上是一个归纳过程。最后得到的同喻体“诸所作皆无常”与异喻体“诸非无常皆非所作”只不过是归纳的结果。

显然，如此解释尚不足以明了上述路径中的一些关键环节。首先，由同异品、同喻依为起点如何通过因后二相归纳出同异喻体的核心问题尚未得到解决。其次，被陈大齐视作因明通例的除宗有法，不仅使他的归纳说异于前人，也对后继学者（如郑伟宏等）产生了很大的影响。然而，上面的路径和例析对此无法显示，至于它如何得以形成以及具体体现在哪些层面的问题并未触及。最后，陈大齐对于对因明论式次第的解释，似乎影响了后来的霍韬晦。此外，他的某些观点与美国的实用主义者皮尔士以及更后期的科学哲学家汉森的溯因推理说有着某种相近。关于这一点，我们可由20世纪中后期至今在哲学（尤其是科学哲学）、语言学、逻辑学、人工智能等领域兴起的溯因推理研究中找到答案。总之，尚有诸多的问题急需解答。

---

① 霍韬晦、巫寿康都未提及陈大齐的《因明大疏蠡测》，但前者的自果求因的归溯思想在陈大齐的著作里可以找到源头，后者的著作中有与陈大齐完全一样的“水银是固体”比量式，至少表明他看过《因明大疏蠡测》。

② 巫寿康：《〈因明正理门论〉研究》，第62页。

1. 同异品[1]、因后二相、九句因与同异喻体

由上文可知，同异品和同喻依在归纳之始都要发挥各自的作用。这种作用实际上只有通过建立同异喻体的过程才能体现出来，而这与因后二相、九句因密切相关。

（1）因三相与正因

在陈那的体系中，因明证宗所依靠的是正因。只有具足三相的因才是正因，这个陈述无疑是正确的。但“具足三相的因一定是正因”的表述则受到了来自反例的质疑。按照因明典籍所提供的例子，“声无常，所作性故，譬如瓶等”与“声常，所闻性故，譬如声性”这两个比量式中的“所作性”因与“所闻性”因都具足三相，但它们所证之宗却相违，因此都被判定为似因，即相违因。陈大齐也提供了这方面的例子，譬如，“植物有知，是生物故”和“植物非有知觉，不具有感官故”中的两个因，在同异品皆除宗有法的情况下都具足三相，但它们都被判定为似因。按照陈大齐的解释，这种相违因的出现表明因后二相“除疑未尽”，进而表明仅依靠因三相来判定正因是不够的。依此，应该增设“无相违因”作为判定正因的条件。然而，类似“声非所闻”的宗明显有违现量，即使证此宗的因具足三相也应被判定为似因。这样，就需要再增“宗不违现”作为判定条件。如此一来，正因的判定条件就被陈大齐由一增至三：一具足三相，二无违决因，三不生违现宗[2]。我们不能说他的观点没有道理，但也要看到违决因只是一种特例，而宗若违现，本来只需判定为宗过，但陈大齐认为宗过缘起于因，所以因也有过，只能认定为似因。这种说法总给人强辩的感觉，很难真正服人。总之，新增两种条件的目的只在于补漏或止滥，但就确定正因的条件而言，前一种并非常态，后一种亦显特殊，它们都无法与具足三相这一条件相提并论。因而在一般情形下，人们实际上将三相具足的因当作了证宗的充要条件。

上述分析看似与我们的主题无关，其实不然。依因明的传统看法，凡正因皆能证宗。因此，寻找并界定正因成了证宗之关键。陈大齐的研究旨

---

① 此处本应写成“同、异品”，但考虑到其后的标点问题而如是书写，其前、后文做此书写纯为保持统一。同理，“同、异喻体”也写成“同异喻体”。

② 参见陈大齐《因明大疏蠡测》，中华书局 2006 年版。

在揭示三相具足不是因成正因的充分条件，而是必要条件。也就是说，具足三相的因尚不足以证宗。他似乎认为只有满足上述三个条件的因才是正因。既然如此，他是否主张严格按照这些条件去确定能证宗的正因呢？答案是否定的。实际上，他并不反对依照惯例从具足三相的因出发去证宗，只不过，在必要的时候（如出现相违决定时）他希望另外两个条件能够发挥作用。无论如何，如何利用具足三相的因去证成宗总是一个关键问题。这与另一个问题似乎只同向而非同一，即检查因于同品中是否定有、于异品是否遍无的归纳如何能得到我们所需要的同异喻体？之所以说“同向”是因为它们都指向宗，即都是为了建立能够证宗的前提；而“非同一”只是因为前者牵涉因三相，而后者只涉及因后二相。从这一点上看，后者包含在前者之中。

（2）因后二相与同、异喻体

针对唐疏中“二喻即因”的观点，陈大齐给出了否定的回答。理由是：前者可归纳出后者，但它无关演绎；后者虽为归纳之果，却是演绎之始。而且，同喻体是因后二相共证的结果，第三相则能双证二喻体。[①] 另外，仅从因第二相和同喻体二者来看，前者指的是宗同品定有因[②]，后者“谓因有宗，非宗有因。前者自果求因，后者自因求果，其在言陈，主谓位置适相颠倒。……同品定有性本自宗同品出发，以确定其具有是因，未尝自因同品出发，以确定其皆具宗义”[③]。

对于“声是无常，所作性故，譬如瓶等”而言，依据因第二相“因于同品定有”（非必遍有）的要求，如欲确定所作性因是否于无常品（即宗同品）有，则只需对无常品进行排查，找到一个（非全部）即告功成。而对于因第三相“因于异品遍无”的要求，则需排查所有常品，以确定它们是否都如“虚空”不含所作性因。显然，依据二者所做的归纳并不一样，前者一般为不完全归纳，后者则为完全归纳。所得结果自然也不相同，前者只能得到一个特称命题（甚至单称命题），即“有的同品有因”

① 参见陈大齐《因明大疏蠡测》，中华书局 2006 年版。

② 沈剑英认为“同品定有性”完整的表述应该是“因于同品定有”而非“同品定有因”。其解释详见《佛教逻辑研究》（上海古籍出版社 2013 年版，“序言”第 1 页）。不过，若仅从含义来看，二者似乎没有什么区别。

③ 陈大齐：《因明大疏蠡测》，第 64 页。霍韬晦的归证说是否借鉴过此处观点，尚不确定。但他的确有和此处一样的观点，只不过陈氏限于因第二相和同法喻体之比较；而在霍氏，则有所扩展，即自宗望因概指归溯历程，自因望宗则指回证历程。

（或“有的因是同品”）；后者则得到全称命题或假言命题，即凡非无常皆非所作或若是其常见非所作。

总的来说，上述例析不仅表明因第二相与第三相之间的区别，亦表明因后二相不同于同异喻体的看法是正确的。需要注意的是，《大疏》、“后记”的作者虽也认为二者有区别，但其解释实难自圆其说。[①]

然而，他们关于“二喻即因”的说法并非毫无道理。在这方面，沈剑英做过专门讨论。[②] 他在分析比较陈那本人观点以及窥基、慧沼、智周的不同理解的基础上，做出了非常恰当的评述，但智周的观点是个例外。这表明，即使因后二相与同异喻体之间具有如陈大齐所指的不同，也不足以完全否定唐疏中的观点，更不能否定陈那本人的观点。可能被大多数学者忽略的是，当我们将因后二相的表述和同异喻体做形式化处理时，二者之间的区别似乎消失了。虽然并不能以此证明窥基等人的说法是正确的，但它迫使我们重新考虑因后二相以及同异喻体的言陈和意许。从言陈上看，前者的表述无疑是清晰的，但后者常被人们做两种理解：一是两个关于具体事例或个体的命题（具体命题），二是两个命题函项。显然，前一种理解下的因后二相与同异喻体不会被视为同一，因为“异品遍无性”无论如何不会被认为与“诸非无常皆非所作”之类的表述相等同。但如果将“诸非无常皆非所作”抽象为“诸非同品皆非因”，将“异品遍无性”完善为“因于所有异品皆无”，则可视二者是同一的。实际上，人们经常有意无意间在做这种转换，尤其是在做形式化处理时更是如此。从以往的研究来看，包括陈大齐在内的许多因明学者都未曾考虑这两种情形，这是自然语言表述上的含混必然导致的结果。关于这点，第五章将结合“因明的形式化”再论。

值得注意的是，尽管陈大齐解释因后二相在归纳的作用上取得了一定的成功，但他依然在某些问题上遇到了困难，譬如对于因的第二相存在的意义、同异喻体共存的必要性、因后二相与九句因的关系、九句因在形成同异喻体的过程中的作用等问题，他的解释或者是牵强的，或者是不充分的，有些观点则是可疑的。

---

① 参见陈大齐《因明大疏蠡测》，中华书局2006年版。

② 参见沈剑英《因明三论》，《社会科学战线》1986年第1期。此处之所以将智周排除在外，是因为仅由“取正喻体名为喻者，因之后二相即是其因”看不出智周犯有“把同异喻体等同于因之后二相，又把因之后二相等同于因”之错。

（3）因后二相存在的意义及其与九句因的关系

关于因第二相，当陈大齐认为因的第三相能双证同异喻体时，实际上已经认定同喻体和异喻体可以互推。既如此，他就必须回答：因的后二相是否可以互推？因的第二相有何存在的必要？陈大齐结合九句因回答了第一个问题。[①] 其思路大致如下：同品定有包含同品遍有（有）和同品少有（有非有）两种情形，它们与异品遍无、有非有、遍有可形成六种组合，即九句因的前三句（同品有异品无、同品有异品有非有、同品有异品有）和后三句（同品有非有异品无、同品有非有异品有非有、同品有非有异品有）。

既然同品定有（因第二相）所对应的情况有六种之多，这意味着由因第二相不足以确定因于异品有或有非有或无，亦即由因第二相推不出因第三相。反过来看，异品遍无（非有）将对应三种情况，即同品有、非有、有非有（即同品有异品无、同品有非有异品无、同品非有异品无）。如此，因第三相也推不出因第二相。第二个结论显然不合逻辑之理，因为根据同品、异品之间的矛盾关系，因于异品无时于同品定有，绝不应该出现同品非有的情形。陈大齐借助“同异品除宗有法”做了解释。关于这一点在上一章关于第五句因的部分已有详述，不再重复。

依此而论，因后二相的确不能互推，因而都应该存在。当然，因后二相合证同喻体的说法似乎也被陈大齐用以说明因第二相存在的必要性[②]，但这实际上被其“第三相双证异喻体”的观点否定了。既然第三相能单独证明同喻体，何烦第二相？因此，我们或者继续探讨第五句因的“存在”意义，或者接受这个结论。巫寿康选择了前者，但他运用了自己的一套方法得出了类似的结论。他认定陈那体系存在由同异品定义而导致的矛盾，进而认为应该修改原定义，如此等等。[③]

显然，陈大齐的做法中有两点值得我们注意，一是将因后二相不能互推当作因第二相存在的理由，二是九句因被用作论证的重要工具。第一点得到不少学者的赞同，在巫寿康的著作里，我们见到了几乎一样的观点，只不过其中证明因后二相不能互推时所采用的是符号逻辑的方法，而且采

① 参见陈大齐《因明大疏蠡测》，中华书局 2006 年版。

② 参见陈大齐《因明大疏蠡测》，中华书局 2006 年版。

③ 参见巫寿康《〈因明正理门论〉研究》，生活・读书・新知三联书店 1994 年版。

用了更现代的表述，即二者是相互独立的。在郑伟宏的著作里，我们也能看到类似的表述。[①] 客观而言，这种由独立性来证明因第二相的存在意义仍显牵强。在这方面，霍韬晦的解释似可弥补此处的不足。简言之，霍韬晦认为因第二相代表的是自果溯因的历程。[②] 从其所持的归证说来看，这是对因第二相存在意义的一种肯定。再看第二点，陈大齐先有因后二相源于九句因的观点，继而才有结合九句因来论证因后二相不能互推的举动。我们首先得承认其做法是成功的，然后也要指出其观点是值得商榷的。也就是说，陈大齐关于"同品定有，出九句因"，"因后二相出九句因，取其二正，简括为一"[③] 的观点还有待重新审视。实际上，由于他基本上将之当成一个既定事实来接受，因而我们看不到他有收集证据为其观点做全面辩护的意图。然而，即使他是正确的，鉴于因三相、九句因说对三支论式以及陈那学说对于整个因明体系的重要性，我们也需要找到更充分的证据来论证九句因与因三相的关系。为了不至于一开始就为要么支持要么反对的选择所左右，我们先预设有两种可能性，然后通过比较确定哪一种可能性更大些。

先来看第一种可能性。九句因由陈那所创，现已成为学界共识。[④] 而且，人们也普遍接受九句因出现之前因三相即已存在的说法。[⑤] 虽然我们还不完全确定陈那于何时开始对之前的因三相做出修改，但很自然的一种推测是，他是在因三相的基础上提出了九句因说。其合理性在于，判定九句因中第二、八句因为正因的根据正是因三相，即正因是那种具足三相的因。另一种判定则是，其他的因不满足因三相，因而都是似因。假定我们的推测是正确的，那么九句因的出现也能得到比较合理的解释。即因后二相（同品定有性与异品遍无性）作为正因必须具备的两个条件，它预设了陈那继续考察因于同品、异品中出现的其他可能，如此才有了九句因。

---

① 参见郑伟宏《佛教逻辑通论》，复旦大学出版社 1996 年版。

② 参见霍韬晦《佛教逻辑研究》，高雄：佛光出版社 1979 年版。

③ 陈大齐：《因明大疏蠡测》，第 64、66 页。

④ 吕澂所论可参阅《因明纲要》（中华书局 2006 年版）第 27 页注⑤："旧传九句因足目所说，然今寻《正理经》文无此，惟陈那《因轮》《理门》，广辨其相，以理推征，应创自彼。"

⑤ 除非有新的证据，否则，三相之说最早见于《顺中论》的观点仍然成立。我国学者吕澂于 1926 年即已于《因明纲要》（第 10 页注②）中指明这点，时间上要早于日本学者宇井伯寿的说法。原书名据高山杉考证为《因明纲要》（1926 年），见《第九届全国因明学术研讨会交流论文集》（2013 年），第 179—180 页。

当然，我们也可从数学上说，陈那在因三相基础上提出的九句因只不过是一种排列组合的结果。

很明显，因三相先于九句因出现的事实非常有利于上述推测，而九句因产生于因三相的解释于理也通。然而，这种推测依然缺乏足够的说服力，因为九句因后于因三相出现只是为九句因产生于因三相提供了一种先决条件，它并不意味着后者一定会发生，尤其是它并不等同于九句因产生于陈那修改后的因三相，对于上述推测来说，这种反击才是最致命的。事实上，陈那的因三相与之前的因三相的确不一样，至少我们不会将前者等同于《顺中论》中提及的正理派教徒的“因三相”①。从这个角度说，“九句因后于因三相出现”更确切的表述应该是“九句因后于陈那之前的因三相出现”。如果依此判断九句因的产生可能受到陈那之前因三相的影响，这是合理的。因此，“九句因产生于陈那之前因三相”的说法是正确的。实际上，“九句因产生于陈那的因三相”也并非不可能，只是我们还没有足够的证据来证实它而已。总之，九句因有两种可能的理论来源：一是陈那之前的因三相，二是陈那修改后的因三相。实际上，更准确的说法应该是：前一种一定是其理论来源，后一种则是其可能的来源。

再来看第二种可能性。比较有利的证据主要来自两方面。第一，在《因明正理门论本》中，九句因在第二个颂中即已部分呈现，陈那似乎有意将其作为重点加以强调。② 反观因三相，陈那对其有过解释是实，未明提其名也是实。而且，相关的解释也被其置于九句因之后。这些迹象似乎可以表明，陈那在用九句因解释或导出因三相。第二，《因轮论》中的证据。吕澂对于该论有一个基本观点，即“本论具陈三相，不仅九句之异同，又次第推移，乃见因论之合喻……图附说，以见陈那因三相之所根据”③。“具陈三相”“九句之异同”以及“陈那因三相之所根据”都是值得分析的关键词，尤其是最后一个。仅从这段表述来看，我们尚无把握确定吕澂具有陈那的因三相出自其九句因的观点，但显然可以确定该论被他视为因三相之所据的重要原本。不过，在《因明纲要》（1926 年）中的

① 阿旺旦增：《玉囊·阿旺旦增因明论文集》，民族出版社 2012 年版，第 429—431 页。

② 《因明正理门论》中的第二个颂言即可说明这点：“宗法于同品，谓有非有俱，于异品各三，有非有及二。”

③ 吕澂：《因轮论图解》，《吕澂佛学论著选集》（一），齐鲁书社 1991 年版，第 170、175 页。

一段陈述似乎更明确地表明了吕澂的观点，即“因三相语……殆及陈那，复事广说，列因九句，真似大明”[①]。那么，我们是否可据此断定陈那的因三相源于其九句因说呢？恐怕未必。

《因轮论》展现的内容有三点是明确的：首先它的确“具陈三相”；其次它明确展示了九句因的内容；最后它还展现了正因的三种情形。关于第一点，需要注意的是，此文中的“三相”除了指因三相外，还有别的所指。例如，“又于同品有、无、及彼俱二，异品亦复然，三者各三相”[②]中的“三相”显然非指因三相。关于第二、三点，由于该论颂文简练，我们不得不在“三相法轮”“设因有九”“九宗法轮”等有限的信息中，很谨慎地根据已有的认知，将颂文中的内容与相关的名称进行对照。例如，第二至第四颂文含有判定正因的三种情形，这与商羯罗主明确表述的因三相是相符合的，由此我们才会认为该论含有因三相的内容。其实，因后二相的内容实际并未得到很明确的展示，我们的判断恐怕还是受商羯罗主的定义影响，这表明所谓“符顺”绝不能视为“同一”。因此，从严格的意义上来说，我们应该在做出任何断定前需要特别小心才行。实际上，《因轮论》尚不足以让我们有把握对陈那的九句因与因三相之间的关联做出断定。从这一点上说，欲做出陈那以九句因为基础建立因三相说的断言恐怕还有点勉强。不过，《因门论》还展现了另外一些不容忽视的信息，即在该论中陈那并没有如《因明正理门论》展现同异喻体的内容，而仅展现了同异喻依，这表明该论很可能是陈那更早期的著作。如此，我们或许可以沿《因明论》《因明正理门论》《集量论》的次序理清陈那创建九句因、因三相的过程，这不仅对于人们更准确地把握它们的生成以及内在关系极有助益，而且也有助于我们对陈那学说的整体把握。

如此看来，第二种可能也并非没有道理。而且看起来它比第一种可能更接近事实，但若断定它就是事实，则恐怕还有武断之嫌。况且，它同样也需面对一些反面证据的质疑。譬如，陈那著作的解释者商羯罗主在《因明入正理论》的开篇即已推出因三相的完整表述[③]，尽管我们不能由此得出陈那的因三相先于其九句因说的结论，但无论如何也是一个不容忽

① 吕澂：《因明纲要》，第 27 页。

② 吕澂：《因轮论图解》，第 171 页。

③ 此即指《因明入正理论》中“因有三相。何等为三？谓遍是宗法性，同品定有性，异品遍无性”。

视的信息。另外，在内在关系的合理性解释方面，第一种可能性对于第二种可能性其实已经提出了强有力的挑战。从内容上看，以因三相解释九句因比其反向的解释更合理一些。后者的缺陷在于：九句因充其量就是一种判定正因、似因的学说，它受限于同、异品，由九句因的第二、八句正因出发只能推出或解释因后二相而非因三相。若非如此，则恐难解释《因轮论》中第二颂的存在意义了，即“谓于所比法，有无、及俱二，惟有是正因，无俱皆不成”①。

至此，关于九句因与因三相，可以概说为三个方面。首先，陈那的九句因是否先于其因三相提出的问题依然未有确解，但《顺中论》《如实论》② 中的“因三相”肯定早于陈那的九句因及其因三相。因此，如从后者受前者影响来看，我们可以说九句因产生于陈那之前的因三相说。其次，从时间次第看，有两种可能：（1）因三相—陈那因三相—九句因；（2）因三相—九句因—陈那因三相。最后，由因三相之后二相导出九句因，于理可通；反之亦然。但陈那之因第一相是否沿用古说，尚需求解。

由此可知，断言陈那的因三相出于九句因仍显勉强，因而陈大齐的观点不可全信。自然，当其观点被郑伟宏当作定论来使用时③，我们也只能持谨慎的保留态度。

2. 除宗有法

郑伟宏将同、异品视为两个初始概念④，这是有道理的。因为它们是理解因后二相、九句因以及另外一些相关概念或理论的出发点。依此，则同异品除宗有法亦可视为整个除宗有法学说的基点。因而，对同异品除宗有法的真实含义做仔细分析是十分必要的。

除宗有法起初只是“宗同异品除宗有法”的简称，后逐渐演变为“因同品除宗有法”“同喻依除宗有法”，甚至“同异喻体除宗有法”等

① 吕澂：《因轮论图解》，第 171 页。

② 《如实论・反质难品》一卷，载《大藏经》（陈）天竺三藏真谛译，第 32 册，第 30—31 页。有言：“我立因三种相是根本法，同类所摄异类相离。”“是因是根本法，同类所摄异类相离。具足三相，故不可动。”

③ 参见郑伟宏《佛教逻辑通论》，复旦大学出版社 1996 年版。另见《再论同、异品除宗有法》，《西南民族大学学报》（人文社会科学版）2012 年第 11 期。

④ 参见郑伟宏《再论同、异品除宗有法》，《西南民族大学学报》（人文社会科学版）2012 年第 11 期。另见《佛家逻辑通论》之“自序”。

说法的概称。由于在陈那著作中未有除宗有法之明言，而唐疏似仅涉及“同品除宗有法”①，因此这些称呼基本上应该归功于现代学者。

（1）同异品除宗有法的理论根据

在近现代中国学者中，最早提及除宗有法的学者应该是吕澂。“此则应观宗外余处，若亦有义，与宗所立邻近均齐，即其法处，名为同品”，“宗外余处，无此所立，即名其处以为异品”。② 很明显，吕澂主张同品和异品皆除宗有法。由于他未做详解，因此我们依照这些有限的信息，无从知道他为何会持有这种主张，而且亦无法判断他是否对这种学说的应用范围有限定。或许他借鉴了日本学者的说法，或者是在古说的基础上的一种发挥。除了猜测，我们很难验证这一点。现代学者未提及吕澂的这一观点③，可能是一时疏忽。但不管怎么样，他很早就清楚地阐明了同品、异品皆除宗有法的观点，这是事实。然而，吕澂在其后期的著作中再也未强调此点，表明他并未将此说当成一个很重要的观点。依照其强调因明论辩特质的一贯做法来看，这一点是很值得深思的。

陈大齐显然也没有注意到吕澂的观点，他的除宗有法思想另有来源：一是陈那《因明正理门论》中对第五句因的判定，二是四家唐疏尤其是窥基的《大疏》中的相关说法。第二个来源为他所提供的只有同品除宗有法的思想，因此真正能为同异品除宗有法提供直接支持的是第一个来源，即“言不共者，如说声常，所闻性故。常无常品皆离此因”。该比量中的因在九句因中属于第五句因，即“同品非有异品非有”。依照陈那给出的同、异品定义，同品与异品之间是矛盾关系，如此则可判定“同品非有异品非有”之因根本不存在。这是陈大齐得出的结论④，后来巫寿康亦明显持此看法⑤。但陈那由“常无常品皆离此因”判定此因是不共不定因，这意味着他实际肯定了第五句因的存在。由于所闻性为声所独有，因而“常无常品皆离此因”可转换为“常无常品皆离宗有法（声）”，这就

① 见《瑞源记》中玄应法师于《理门疏》总括四家疏解之所论，第 2 页。郑伟宏明确提出，唐疏四家都持有“同异品除宗”之说，观其所论并不充分，故暂存疑。

② 吕澂：《因明学纲要》，第 26—27 页。

③ 郑伟宏追溯异品除宗有法的学者时，最早只追溯到齐思怡（美），未注意到吕澂于 1926 年即已提出此观点。见《再论同、异品除宗有法》［《西南民族大学学报》（人文社会科学版）2012 年第 11 期］。

④ 陈大齐：《因明大疏蠡测》，第 54 页。

⑤ 参见巫寿康《〈因明正理门论〉研究》，生活·读书·新知三联书店 1994 年版。

是陈大齐认定同异品皆须除宗有法的一个根据。

然而，仅此特例尚不足以说明所有比量都须如此，亦即不能依此断定同异品皆除宗有法乃因明惯例。因此，陈大齐转而从因明立破的角度论定："同异品必须立敌所共，而后是非始得缘以决定。有法非共同异，理应同异双除。"① 应该承认，如不深究，则这些陈述是很有说服力的。不过，当我们对具体的比量式进行分析时，发现这种陈述遇到了很大的困难。首先，立敌双方在各自的比量中对同异品的界定完全相反，即立者之同品、异品在敌则分别为异品、同品。从外延论的角度看，所谓"同异品必须立敌所共"可以解读为立者之同品（敌者之异品）在立敌双方看来必须具有同样的外延，立者之异品（敌者之同品）亦然。这应该是陈大齐所谓"共同异"所表达的意思。立方认可同品含宗有法但非敌方所许，而立方又否认异品含宗有法，因而宗有法只能是"非共同异"。这应该是此处"理应同异双除"之义。毋庸置疑，陈大齐这些只图一时方便的简略语，实际上给人们的理解带来了很大的困扰。为了不至于在一开始就陷入那种由概念交错引发的麻烦中，借助实例和图解说明或许是最好的办法。譬如下面三个比量式②：

比量式 1	声无常，所作性故，譬如瓶等	（立者）
比量式 2	声常，所作性故，譬如虚空	（敌者）
比量式 3	声常，所闻性故，譬如声性	（敌者）

对于比量式 1，在立者言，无常品即为宗同品，所作性因于其中有，常品为宗异品，因于其中无。依因明惯例，"所作性"三相具足，当可证宗。因此，在一般情形下，这是一个正确的比量式。在敌者言，其不许立者无常品中含有声，亦即无常品必须剔除声，故立者虽不情愿亦不得不除。显然，从无常品中剔除声是立敌双方为辩论能顺利进行不得不达成的一致。由于无常品在立者而言为同品，在敌者而言为异品，因而，无常品除声就

① 陈大齐：《因明大疏蠡测》，第 57—58 页。

② 对于笼统的敌方到底会拿出比量式 2、3 中哪个去反驳比量式 1，就此处要讨论的问题来说是颇让人踌躇的，因为比量式 2 显然是一个含有相违因的似比量，比量式 3 是上文已经分析过的特例，它应该再次成为此处的证据，因而显然应该回避。类似的情形是否普遍存在，这也是一个问题。此处列举它们，除了只需考虑宗有法而非因法的问题外，正是为了展示这类问题。

相当于立者之同品（敌视之为异品）除宗有法。[①] 至于常品，在立者而言是异品，声自然不在其中，“常品除声”或“异品除宗有法”就立者而言等如废话。而敌者出于建立自宗的考虑，自然不会有此要求。由此可得：结论 1 立者不得不同品除宗有法，异品除宗有法则是一个伪命题。

我们完全可采用同样的方式来处理比量式 2，只需注意立敌易位、同异品所对应之物相对于比量式 1 有所变化即可。显然，处理它将得到类似比量式 1 的结论。即比量式 2 的立者只需“常品除声”（“同品除宗有法”），而“无常品除声”是一个伪命题，亦即“异品除宗有法”是一个伪命题。无疑，由比量式 1、2 所得出的结论可以应用于其他的情形。如此，不难得出结论：对于任何一个比量式，在立者言，需要除宗有法的只有同品，不涉及异品。因此，“同异品皆除宗有法”是一个伪命题，而且“同异品皆须除宗有法”更无存在之必要。但应特别注意的是，我们并不能由此得出陈那的“常无常品皆离此因”也是一个伪命题的结论。

（2）异品除宗有法之悖

结论 1 的前一句陈述是有所依据的，当不至于引起太大的反应，但后面的“伪命题”之说恐将招致强烈的反对。那么，反对者将会依据什么来抗议呢？要明确这点，恐怕还得先弄清楚异品除宗有法的真正由来。按照上文的分析，立者确信所立比量中的异品无宗有法，自然无宗有法可除，亦不必考虑异品除宗有法问题。若只站在立量者所立比量的角度看，上述说法没有问题。但若考虑到敌方将出相违比量，则情形发生了改变：敌方所出比量将以立方之异品为同品，以立方之同品为异品。面对敌方比量，立方显然同样会要求敌方的同品除宗有法，而这就相当于在要求己方原立比量中的异品亦除宗有法，如此岂非承认“同异品皆除宗有法”？如果我们无法对此做出否定的回答，那将出现如下两个结论：结论 2 立者若从对方将出相违比量的角度考虑，则会主张异品除宗有法；结论 3 由结论 1、2 可推知，任何立量者基于论辩之需都会主张同异品皆除宗有法。

借助如下的图解可以更好地展示这些结论得出的过程：

① 如果陈大齐以“同异品皆除宗”仅指“立者同品敌者异品”之合称，则可能不会引发那么多的争论。

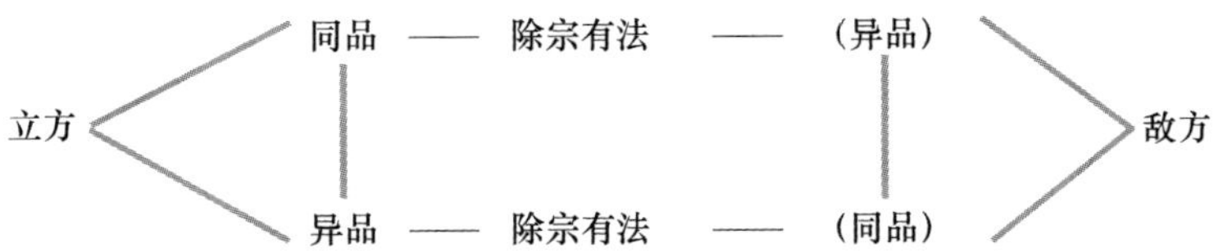

图 3－1　对辩：立敌双方既立且破

如此看来，陈大齐的“同异品皆除宗有法”之说实际上正是结论 3 的一种省略表述。显然，如果我们接受结论 1、2，那么就得接受结论 3，亦即要接受同异品皆除宗有法乃至同异品皆须除宗有法的看法。然而问题并非如此简单，因为如果我们接受结论 2，那就很难解释或化解立量者之悖：“异品无宗有法↔异品除宗有法”。基于它是由论辩的要求导致的，因而我们不妨称之为“因明比量中异品除宗有法论辩之悖”，简称“异品除宗之悖”。①

巫寿康用实际行动反对了陈大齐“双除”的观点，他也不一定认同此处所谓“异品除宗之悖”的说法，因为他在《〈因明正理门论〉研究》中向我们展现的，实际上是陈那的同异品定义之悖以及九句因存在之悖。在巫寿康看来，它们产生于陈那定义的同异品皆不除宗有法。且不论他对于陈那的定义理解是否合乎事实，这两种“悖论”显然都不是前文所说的“论辩之悖”。假定这两种悖论都客观存在，则我们至少面临两种选择：若坚持同异品皆除宗有法之说，那就得容忍“论辩之悖”以及“定义之悖”；如果坚持同品除宗有法异品不除之说，那就得接受不合因明论辩实际的指责。不过，法称能同时免于两种指责的现象是令人惊讶的，也是令人深思的。

（3）解悖方案

这些所谓的“悖论”迫使我们不得不做两方面的考量。一是重新审视结论 2 的形成条件（即敌方出相违比量）。二是对“同异品除宗有法”的含义沿别的路径来解读。先看第一方面。我们之所以考虑敌方出相违比量之可能，实际上与因明论辩的常识有关。一般来说，因明论辩中一方破另一方有两种方式，一是显过破，二是立量破。前者仅指出对方比量之过（如宗、因、喻等方面的过）；后者则针对对方的比量立一个相违比量。

① 此处只是为了表述上的方便，暂无意将其归为严格定义下的悖论范畴，后文同此，不再说明。

立者的异品之所以亦需除宗有法，其根源在于防止敌方使用立量破。例如，当立者立上文中的比量式1时，敌方可能以比量式2或比量式3或别的比量式来破。如此才会出现立者要对一个自己本不承认含有宗有法的异品进行除宗有法的怪异现象。由此，我们可以这样说：对于立量者而言，“同异品皆除宗有法”成立的一个必要条件是敌方一定会使用立量破的方式（或敌方一定会立相违量）。若去掉这个条件，则同品除宗有法，异品无须除宗有法。也就是说，同异品皆除宗有法只存在于论辩的场合，而且兼含对方会使用立量破的预设。

然而，这只是解释了为何立者要在同品除宗有法的基础上再添加异品除宗有法的原因，并没有实质性地解决前面所说的“悖论”问题。尤其在面对如下质疑时，主张同异品皆除宗有法的一方依然显得被动。例如，既然立量之目的在于证宗，那么当同异品皆除宗有法时，宗有法将于何处藏身?[①] 宗又如何得证? 前一个问题表面上只针对郑伟宏，实际上针对的是所有持“皆除”说的学者，吕澂、陈大齐等自然也包括在内。关于这点，后文将结合郑伟宏的类比说再论。但不管怎样，这个问题到目前为止尚未得到实质性的解决。

或许，“同异品皆除宗有法”在别的解读模式下可以避免“异品除宗之悖”。霍韬晦的观点为我们提供了这种可能，他提出“因明的归证亦可以说是一种论辩性格，在结论未得之前，有法必须自双方的同品中剔除”[②]，“剔除有法是‘对论性的规定’，是不能滥作的”。[③]

“同品”二字表面显示作者只持同品除宗有法的观点，实则不然。该词前面的限定词“双方”表明，这里所说的同品包含立方同品与敌方同品，二者显然是相互对立的概念。实际上，立方同品实为敌方异品，敌方同品实为立方异品。若将立方同品、敌方异品、敌方同品、立方异品分别以a、b、c、d表示，则a=b且c=d。[④] 如此，霍韬晦的原语可转换为“有法必须自a、c中剔除”，亦可转换为“有法必须自a、d中剔除”或

① 此观点实由姚南强提出用以反驳郑伟宏，后得到沈剑英的支持。见《佛教逻辑丛论》（甘肃民族出版社2011年版，第133—134页）。

② 霍韬晦：《佛教逻辑研究》，第147页。

③ 袁尚华：《归证——从哲学及逻辑之双重进路论因明之根本特质》，载张忠义、光泉、刚晓主编《因明新论》，中国藏学中心出版社2006年版，第219页。“论性规定”之说似为袁尚华对霍韬晦讲课或散见于其文中的观点之概括，在《佛教逻辑研究》中似未出现。

④ 此处看似烦琐之分析对于解决除宗有法问题实有必要。

者“有法必须自 b、c 中剔除”。将后两种转换式复原成文字形式，将成为“有法必须自立方同品、立方异品中剔除”或“有法必须自敌者之异品、敌者之同品中剔除”。这表明霍韬晦所表达的也是“同异品皆除宗有法”。看来其所谓论性之规定的说法只是为了表明“双除”产生的原因，并不能解决之前的“悖论”。不过，“不能滥作”之说又似乎在提醒人们，“双除”说的产生是有条件的。虽然作者并没有就此条件做出解释，但他显然未有将其上升到因明通例的打算。

实际上，上述所谓悖论的出现仍可能是我们的误解造成的。以前面的比量式 1、2 为例，同时考虑两个比量的结果才导致了所谓的异品除宗之悖。问题的关键在于，是辩论中的立敌双方还是我们这些研究者或旁观者提出要同时考虑它们？有何理由要同时考虑它们？依理而论，在立方出比量式 1 后，立敌双方谈论的唯一对象就是该比量式，而绝非比量式 2 或 3 或者别的什么。在此情形下，如上文所析，无论哪一方都不会提出立方异品除宗有法的要求。而当敌方推出其违决比量时，则双方谈论的对象也只有该比量，而非别的东西。显然，这样所得的结果同前。因此，不同时考虑立敌双方的比量就不会产生异品除宗的说法，也就不会出现异品除宗之悖。如此看来，与其说这是在解异品除宗之悖，倒不如说在分析这种悖论的存在条件，即它只是我们为一个比量式预设其相违决定量，并同时对二者按照立敌双方的立场考量的结果。

如果上述分析是正确的，那就意味着我们承认陈大齐关于异品除宗有法是有根据的，但只能有条件地承认其异品除宗有法思想的合理性。当他将论辩的立敌双方想象成同时考虑两个比量的情形时，异品除宗之悖也就产生了。显然，任何人要做出否定的判断都是艰难的。尤其当陈大齐将其分析与上述那种由陈那本人提出的比量式 3 结合时，任何的质疑或反驳都不仅站在了所谓论辩实践的对立面，而且还站在了陈那的对立面，从而处于一种很不利的位置。然而，有一点是需要指出的：陈大齐并未意识到，比量式 3 及其同类比量在他的著作中扮演了超过其本身所能的角色，即他经常将特殊当作普遍。

（4）除宗有法思想的应用

无论支持还是反对，陈大齐具有明确的除宗有法思想，这是不可否认的事实。而且，其思想在上文“同异品皆除宗有法”的基础上有所扩展。究其要义，大致有三。第一，宗同异品皆须除宗有法，包含于同品中的同喻依亦然。第二，因同品可不必除宗有法。第三，同喻体必不可除宗有法。[①] 这些观点不仅为他自己比较因明和逻辑的同异性提供了支持，而且还对后来的郑伟宏等学者产生过较大影响。

由于宗同异品及同喻依皆须除宗有法，因而使得因明比量与逻辑相比利弊兼生。譬如，除宗有法虽能使得因明避免逻辑之循环论证之蔽，却亦让诡辩奇出，有些论式合因明之理却不合逻辑之理。而且，"同品除宗，既未尽举，自同品定有性言之，三支作法，仅自特殊以推知特殊，非自普遍以推知特殊，亦即但有比论之力，应无演绎论证之功"[②]。首先要肯定的是，陈大齐对因明之理与逻辑之理做出区分的做法，对于我们进行因明的逻辑研究是非常重要的。此外，其依照除宗有法所提出的"比论"说，实际上相当于"类比"说，不过他这个只是从因的第二相得出的结论，显然和郑伟宏后来提出的"类比"说不完全一样。在这一点上，我们不能确定后者是否受过前者的影响。

总之，在陈大齐看来，因明论式宗前因后次第的原因是它合乎论辩规范，宗前因后的次第非常契合自果求因的归纳过程，即先亮出违他顺己宗，再出示正因。[③] 而正因非现成，故需求之。如何求？以宗同异品为归纳起点，同喻依作为归纳具体事例，九句因、因后二相提供归纳基准，最终达到归纳之果（同异喻体）。然而，依照除宗有法的因明通例，同异品与同喻依皆须除宗有法，从而导致同异喻体必经"归纳飞跃"才能得到，而且还需借助所谓齐一原理才能对此飞跃做出解释。[④] 不过，完成此步后，接下来就是演绎的过程了。

（二）演绎说——AAA式

相对于归纳说，陈大齐的演绎说就显得简单多了。他可能觉得归纳飞跃完成之后，接下来的演绎过程则是水到渠成之事，也可能认为因明论式最具特色的还是在归纳部分，因此没有必要在演绎问题上多费笔墨。不管是什么原因，其演绎说并不复杂，因此我们接下来也只做简要介绍。

---

① 参见陈大齐《因明大疏蠡测》，中华书局2006年版。

② 陈大齐：《因明大疏蠡测》，第58页。

③ 此观点是否影响过霍韬晦的"归溯"说暂不确定，但它似乎是因明中溯因说的雏形，而且它与源自皮尔士的溯因推理天然地相近，这是值得特别关注的。

④ 参见陈大齐《因明大疏蠡测》，中华书局2006年版。此处的"齐一原理"指的是先由休谟质疑后经康德重新予以解释的一条先验规则，是专门应对不完全归纳的局限性的规则。

陈大齐的演绎说实际上可视为以传统三段论法为模本对因明论式的一种解读结果，这就是所谓的AAA式之说。其基本形式可表示如下：

凡声皆所作	SAM
凡所作皆无常	MAP
凡声皆无常	SAP

那么，为什么不是三段论别的格和别的式？这个问题陈大齐给出了一些基本的解释。尽管我们不一定赞同这种观点，但他论证该说法的过程却有不少值得探讨的东西。一方面，他注意到比量的正量和三段论的有效式的不同，进而将二者的比较深入了比量背后的若干要素或原理（如因三相、同异喻体的特点等）以及三段论的格与式的层面，这是其前期、同期的学者未能做到的，迄今为止也只是极少数学者能触及这些层面。[①] 不得不说，这是陈大齐的高明之处。

（三）突破与局限

毫无疑问，陈大齐的归纳说展现了很丰富的内涵。一方面，他揭示了因明论式的独特性，应验了其于序言所说“亦有道理，逻辑未说”[②]。另一方面，他的很多观点非常具有启发性，除宗有法、溯因、因三相、九句因、同异喻体等传统因明概念或命题都得到了新的阐释，后起的归证说、类比说都可视为其若干观点的延续或扩展。从逻辑的角度看，他的演绎归纳说无疑达到了当时因明学界的最高水平。尤其值得肯定的是，逻辑于他只是工具或元理论，因明才是研究的对象，也是本体或对象理论。即使其承认逻辑之理更详密，也没有否定因明自身的独有价值。相对于那些动辄将因明定位为某种逻辑的做法，他的表现要高明得多。还有一点需要肯定的是，相比于那些受日本学界影响过深的同时代学者，他的研究保持了一种相当难得的独立性。他并非没有受到这方面的影响，只是并未受缚于此。

然而，毋庸讳言的是，他的局限也非常明显。而且，这种局限并不完全是时代造成的。从《因明大疏蠡测》本身来说，它固然体现了作者对

① 参见陈大齐《因明大疏蠡测》，中华书局2006年版。

② 陈大齐：《因明大疏蠡测》，第1页。

窥基原著精深的研究以及独到的阐释，但从总体上看，横向比较方面似嫌不足，未能充分展现出一个立体的框架。另外，该著作的各专题之间似乎还缺乏一种内在的联通，从而导致其体系未能成为一个贯通的整体。具体地从归纳说来看，他忽略了一点，即因明论式本身实际上并不显示这样的归纳过程，归纳之说只不过是他“揭示”出来的结果。而且，这种“揭示”也是章太炎等人曾经做过的，只是未能如此充分彻底而已。就演绎说而言，他的阐释或论证相比于其归纳说，显得过于单薄。不管从传统的还是现代的逻辑角度看，演绎逻辑或形式逻辑这部分是发展最成熟的，即使以今天的眼光看，依然如此。因此，当我们未能看到他在这方面有更多的展现时，失望是难免的。仅以那些换质位的直言推理、若干关于三段论的术语，是无法展现出传统逻辑的全貌的。从这个角度来说，他是不成功的。依照他当时所处的环境以及他个人的条件，他完全能够胜任这种研究工作。所以，这并不完全是时代的局限。而且，我们也注意到了他后期的著作，除了语言方面更通俗易懂外，在逻辑方面并没有展现出多少比《因明大疏蠡测》高明的东西。因此，相对于同时代的其他因明学者而言，他固然显示出了更高的水准，但从其后续的发展来看，并没有多少提升。而且，单从汉传因明的逻辑研究来看，对归纳的强调明显超过演绎，这是制约他在此类研究上取得更大成就的一个重要因素。

二　巫寿康的演绎归纳说

在介绍巫寿康的学说之前，我们应该再次回顾一下吕澂的观点。正如上一章所说，他在因明研究方面做了很多开拓性的工作，也有很多真知灼见。然而，其早期著作极少涉及逻辑。至20世纪50年代，他才开始就因明论式和三段论法的比较提出一些主张。其中，最具价值的观点大致有两点：第一，因明论式应用于论辩场合；第二，法称论式与三段论法相近。前者的意义在于提醒那些仅从逻辑的角度研究因明论式的学者不能忽略其论辩特质。后者的意义首先是它使得汉传因明研究的范围扩展至陈那以后的法称学说，其次它还向我们提示法称论式是陈那论式的一种自然发展结果，这对于我们准确把握陈那的思想及其论式的性质不无助益。显然，吕澂这两个方面的观点并没有得到真正的理解，或者说人们并没有真正重视它们的指导性价值。在接下来要逐渐展开的内容中，我们将看到做此强调的意义。

巫寿康在其代表作《〈因明正理门论〉研究》中提出了他的演绎归纳说。从该著作的整体架构来看，其学说一个突出的特点是演绎色彩浓厚。因此，将其视为演绎兼归纳说是比较恰当的。如其所希冀的，他的研究的确比一般学者挖掘得更深，也得到了一些有实质价值的成果。至少与其引用的日本学者村上专精的若干理论观点相比，这种深入更为明显。[①] 即便与现代学者的研究相比，其研究的专精度方面丝毫不逊色，甚至比一般学者更强。总的来说，他的演绎归纳说基本上反映的是自己的主张。

关于归纳[②]，巫寿康认为陈那的三支论式中继承了古因明论式的一些归纳成分，具体表现在两个方面。第一，它们分布于同喻依、因的第二相以及第五句因中。从因明的角度看，举出同喻依是三支论式得以成立的一个必要条件；从逻辑的角度看，同喻依是归纳的标识。由于因的第二相"同品定有性"从正面保证了同喻依的存在，而九句因中的第五句因作为似因的存在从反面提出了必须举出同喻依的要求，因而，它们也都可视为一种归纳成分。第二，因明的推理规则带有归纳成分。也就是说，在能举出同喻依、前提与结论之间有蕴含关系这两个规则中，前者使得陈那因明论式具有归纳的性质。

同喻依是归纳的标识，它的存在是归纳说的基始。对于这个学界早已形成共识，巫寿康显然是认可的。然而，上述两个方面的观点显然与前人不同。需要指出的是，我们相信巫寿康为了将因明和逻辑贯通才提出"因明推理规则"，但据实而论，它与我们所理解的逻辑推理规则并不一样，更能被接受的说法是"证宗的两个基本条件或前提"。

既然这些归纳成分使得陈那论式无法具有三段论法那样的纯演绎性，那么将它们剔除就可实现演绎兼归纳向纯演绎转化。在巫寿康看来，这种转化直到法称学说的出现才得以实现。其关键在于，法称采用同、异品不除宗有法的定义等于废除了第五句因，也使得因的第三相可以推出第二相，从而让第二相失去了独立存在的意义。将同喻依弱化至可有可无的地位，这就使得举出同喻依不再成为证宗的必要条件。由于他认为陈那给出的同异品定义给其体系带来了矛盾，因而主张采取修改其定义的措施来化解。

---

① 参见巫寿康《〈因明正理门论〉研究》，生活·读书·新知三联书店 1994 年版。

② 这方面的思想详见于《〈因明正理门论〉研究》的第二章（第 19—30 页）中，后文概述的内容主要源于该部分。

这点使得他受到了郑伟宏等学者的尖锐批评，由于这些基本上发生在其身后，因此，我们已无从知晓其本人的意见。不过，上文对除宗有法的讨论已在一定程度上展现了其所受批评哪些是正确的，哪些是不合理的。

巫寿康固然认为经此修正后的法称论式是纯演绎的，但他并不赞同法称的这种处理就会使得因明论式等效于三段论法。在他看来，为达到这种等效，三支论式和三段论法需要各自做出一些牺牲。也就是说，陈那的三支论式和三段论法只有满足四个条件才能等效。[①] 第一，预设主词存在，即三段论法预设小词、中词、大词存在，三支论式中预设宗有法、因法、所立法存在。第二，将三段论法限定为第四格以外结论是全称判断的推理。第三，宗有法与因法的外延不相同，以确保仅凭第一、三相就能确立相当于三段论法的大小前提。第四，三支论式的立者一方的理论系统具有一致性，亦即无“相违决定”似因。

至此，巫寿康明确指出陈那的《因明正理门论》中的推理是带有归纳成分的演绎推理，进而认为“陈那的学说是从或然性推理向必然性推理发展的中间形态”[②]。值得特别注意的是，巫寿康真正强调的是陈那体系中的演绎性。因此，为了确定陈那学说丰富的内涵及其演绎程度，巫寿康借助罗素的数理逻辑进行了一系列的推演和证明。显然，陈那学说中的演绎性由此也得到了强有力的确证，而这也使得巫寿康的演绎兼归纳说具有一些与众不同的特质。当然，巫寿康这方面的研究结果并非仅限于此，其演绎部分暂且留待后文的形式化部分再做讨论。

第二节　归证说

归证说是由霍韬晦提出并经袁尚华[③]强化和补充的关于因明论式的学说。简要地说，所谓“归证”实为“归溯”和“回证”之合说。“归溯”指由宗溯因或由果溯因的过程，“回证”则指自因证宗或由因证果的过程。因明论式具有这种归证形态，或者说蕴含了这样两个过程，而其中的“归溯”是归证说的核心。这就是霍韬晦归证说的基本要义。那么，归证

---

① 参见巫寿康《〈因明正理门论〉研究》，生活·读书·新知三联书店 1994 年版。

② 巫寿康：《〈因明正理门论〉研究》，第 31—37 页。

③ 参见袁尚华《归证——从哲学及逻辑之双重进路论因明之根本特质》，载张忠义、光泉、刚晓主编《因明新论》，中国藏学中心出版社 2006 年版。

之说是如何形成的？霍韬晦以之得出了哪些重要结论？该学说的解释力及其局限是什么？下文将逐一解答这些问题。

一 论式次第与归证形态

从近现代的研究来看，由因明论式中次第问题衍生出种种说法，归证说即为其中一种。笼统地说，霍韬晦提出该学说是源于对陈那三支论式的解读。具体地说，则大致源于两方面的思考。[①] 一方面，因明论式之所以呈现出宗因喻的次第，一是"为了'呈现出一论辩或论证的历程'"，二是因为"背后尚有一宗教悲情"[②]。这表明，我们今天所看到的因明论式次第之所以不同于西方的三段论法，是因为有它自己的背景或成因。另一方面，若沿两个方向去考察三支论式，将会得到两种不同的结果。自宗望因，论式展现的是一种由宗溯因或由果溯因的归溯形态；自因望宗，论式则展现出一种由因证果或由因证宗的回证形态。至此，归证说已见雏形。

需要指出的是，归证说中最具特色的归溯思想并非是由霍韬晦最早提出的。从以往的研究来看，尽管他是完整提出"归溯"之说的第一人，但并非最早揭示这种归溯特征之人。在他之前，陈大齐就曾有过类似的表述。[③] 那么，如何比较两者孰优孰劣呢？袁尚华评价说："陈大齐先生指出因明的思考方式是'由果溯因'，此义甚是，唯其所言尚粗。"[④] 客观地说，该评价并不完全适用于陈大齐，但我们得承认该评述的确言有所据，因为袁尚华除了基于其自身的理解外，还基于以下的事实：霍韬晦不仅对因明论式的归溯特征做了比较全面的解释（包括其理论和宗教背景等），而且就归溯如何展开做了较为详细的解析。另外，借助符号逻辑进行解释也使得其研究更具现代特征。实际情形如何？接下来我们将尽可能从

① 根据袁尚华提供的信息，霍韬晦提出归证说或归溯说可能受益于波普尔证伪说的启发，见《因明新论》，第222页。

② 霍韬晦：《佛家逻辑研究》，第4页。其大意是说：为追求解脱而信仰，为信仰而立圣言量，为自宗不得不辩，不得不证。

③ 陈大齐：《因明大疏蠡测》，第66页。相关的论述为："因明轨式，宗前因后，其与逻辑，次第不同。……必所立宗，敌论不许，立者乃须显示所由。故于因明，宗必在前，因必在后，不可移易。立量轨式，既果先而因后，所寓归纳推理亦须顺此。……因明归纳，自果求因，有关量式，定非偶然。"

④ 袁尚华：《归证——从哲学及逻辑之双重进路论因明之根本特质》，载张忠义、光泉、刚晓主编《因明新论》，第210页，下注①。

《佛家逻辑研究》中搜集这方面的信息。

二　因三相与归证过程

纵观霍韬晦所论，归溯过程的所谓溯因，实质上是建立论式中因支和喻支的过程。更为概括地说，这就是一个形成论式的过程。之所以如此，是因为其所溯之因实际上就是具足因三相的因。在因明中，这样的因才是能证宗的正因。具体而言，一个比量式中的因支和喻支实际上是依托因三相建立起来的。此说法虽非霍韬晦所述，但他显然清楚这点，因而在其解析归证的过程（尤其是其中的归溯过程）中，因三相扮演了重要角色。

简要地说，对于一个三支论式，我们可依因的第一相之理建立其因支，依因后二相则可建立其喻支。然而，实际情况并非如此简单，因为因、喻二支的形成如何可能的问题，尤其是因后二相的功能及其相互关系、第二相是否冗余等问题，一直困扰着近现代学者。很显然，如果归证说欲获得合法性，则霍韬晦必须要解答这些棘手的问题。

（一）因的第一相确立因支的问题

“遍是宗法性”被霍韬晦符号化为：凡 S 是 M（S：有法，M：因法）。这种表达方式显示不出他有何独特理解，因为这几乎已成学界通识。他的独到之处在于，首先将陈那关于有法与因法之间有无关系的可能性符号化为四种形式，即凡 S 是 M、凡 S 不是 M、有 S 是 M 以及有 S 不是 M，然后依据陈那的思想将后三种判定为犯有“不成”过而加以排除，从而最终完成了他对因何以只需满足凡 S 是 M 的解释。如其所说，“这也就是遍是宗法性何以必须是举尽有法的全部分子及必须是肯定命题的原因”[①]。显然，因的第一相确立因支的问题在霍氏这里得到了较完整、较现代的解答。不过，他似乎并未将第一相划归到其归证说中。这是令人奇怪的，因为由第一相确定因支明显可归为由宗溯因的一个环节。

（二）因的第二相在归溯过程中的作用

霍韬晦将“同品定有性”理解为：同品当中必须有至少为一但不必是全部的分子具有因法[②]，其表达式为“有 P 是 M”。关于这点，人们并未达成上述第一相表达式那样的共识，不过还是具有相当的代表性。

---

① 霍韬晦：《佛家逻辑研究》，第 26 页。

② 参见霍韬晦《佛家逻辑研究》，高雄：佛光出版社 1979 年版。

第二相的表达为何是I命题以及因法（M）为何居于谓词而不是主词的位置？霍韬晦认为分析因明论式的归证形态可以解答该问题。具体地，沿由果溯因的方向看，由一果可能溯出多种不同的因，亦即论式中的因M不是成宗的唯一因，因而它在同品中非遍有（即凡P是M）而是定有（即有P是M）。但沿由因成果的方向看，“说因宗所随”而非“因无宗不有”的因明之理，决定了此因M为成宗的充足条件而非充要条件。这种关系可表示为：若M则P[①]，或凡M是P。凡M是P通过限量换位可得到有P是M。因而，不管沿哪个方向，最终都可以得到有P是M的结论。不过，沿前一方向可直接得到上述结论，而沿另一方向尚需借助逻辑处理（即限量换位）。无疑，霍韬晦的归溯说只指前一方向。

照此分析，不仅能回答本段开始的问题，而且也能回答“同品定有性”是否冗余的问题。在霍韬晦看来，尽管因第二相只在归溯之初发挥作用，但这足以表明它对于三支论式的建立是不可或缺的，由此也就否定了某些学者仅从演绎逻辑的角度认为因的第二相冗余的说法。

（三）因的第三相与归溯

霍韬晦将异品遍无性符号化为凡非P不是M，并认为第三相弥补了第二相在溯因方面的不足。换言之，要证成宗（凡S是P），仅凭第一、第二相形成的凡S是M和有P是M还无法完成，尚需第三相形成的凡非P不是M。由于第三相形成论支的过程也是一个归溯过程，因此，第三相也被认为具有归溯的品格。因后二相的这种归溯特点及功能，在《佛家逻辑研究》的第一、二章中有清晰的符号逻辑图式展示，如图式一[②]：

（Q：宗，P：因）

$$\left.\begin{array}{ll}\text{设准} & (\exists_x)(Q_x \,\&\, P_x)\\ \text{归溯} & (\exists_a)(Q_a \,\&\, P_a)\\ \text{结论} & (\exists_x)(Q_x \,\&\, P_x)\end{array}\right\}\text{同品定有}$$

① 这是一种我们能够理解的表达式，但从逻辑上讲，这种表达并不严格。M不能既表示因法又表示因支，从其后续一些表达看，霍韬晦并未区分概念的因与作为命题的因。

② 霍韬晦：《佛家逻辑研究》，第13页。在第11、30、31、34、57页有另外的图解，但它们的归溯特征都不如本图鲜明。另，此处以→代替了原图中的–。

设准　$(X)(\sim Q_x \rightarrow \sim P_x)$

归溯　X_a：$(\sim Q_a \rightarrow \sim P_a)$

　　　X_b：$(\sim Q_b \rightarrow \sim P_b)$　｝异品遍无

　　　…………

结论　$(X)(\sim Q_x \rightarrow \sim P_x)$

（四）归证过程全景

因三相形成因支和喻支后，也就意味着归溯过程的完成。这对于归证说来说，最重要的工作已经结束，因为接下来的回证相对来说要容易得多。或许，借助霍韬晦的图式就足以诠释论式的整个归证形态。

尽管上图（即图式一）很好地展现了因后二相参与的归溯过程，但其所示仅为喻支的形成过程。因此，要展现归溯过程的全貌似乎还需补全第一相形成的因支，即凡 S 是 M。至于回证过程，可借助的逻辑图式为：$(X)(P_x \rightarrow Q_x) \cdot (X)(P_x) \rightarrow (X)(Q_x)$（Q：因，P：宗）。[1]

如此，我们就得到一个更完整的如下所示的全景图式[2]：

（S：宗有法，M：因法，P：宗法，x：个体变项，a：个体常项，∃：特称量词，∀：全称量词）

立因 $\forall_x (S_x \rightarrow M_x)$　　遍是宗法性

归溯 $(P_a \wedge M_a)$

结论 $\exists_x (P_x \wedge M_x)$　｝　同品定有性　｝由宗溯因（归溯）

归溯 Xa：$(\sim P_a \rightarrow \sim M_a)$

　　Xb：$(\sim P_b \rightarrow \sim M_b)$

　　……

结论 $\forall_x (\sim P_x \rightarrow \sim M_x)$　｝　异品遍无性

$\forall_x (S_x \rightarrow M_x)$

$\forall_x (\sim P_x \rightarrow \sim M_x) \Rightarrow \forall_x (M_x \rightarrow P_x)$　｝$\forall_x (S_x \rightarrow M_x)$　由因证果（回证）

归证

① 霍韬晦：《佛家逻辑研究》，第 13 页。

② 霍韬晦并不一定赞成对将因支纳入归溯过程的做法，但应当不会反对将其原有符号做适当改写的做法。

需要说明的是，上述图式并没有考虑同异喻依，因此并非因明三支论式归证过程的全真图解，但它无疑有助于我们理解归证说。关于这点，我们将在后文的评述中提及。

三 归证说的解释力及其主要结论[①]

若只看形成，则归证说源于对因明论式的研究。但若看解释力，则归证说除了如上文所述被用以分析因三相（尤其是因后二相）的归溯形态外，还被用以分析九句因和因三相的关系以及它在建构论式过程中的作用，甚至被用以比较因明和逻辑的同异以及陈那因明与法称因明的同异。[②] 实际上，归证说被霍韬晦委以解读因明的重任，它贯穿了《佛家逻辑研究》的全部内容。那么，归证说的解释力如何呢？关于这个问题，我们可以通过分析其若干结论的合理性以及局限性来寻找证据。

结论一是因明不是逻辑。霍韬晦给出的理由是：三支论式含有先归溯后回证的历程，前者是归纳的而不是逻辑的。尽管后者是逻辑的，但从总体上看，论式不是逻辑的。依此延伸，可得如上的结论。

欲理解该结论和解释，就得先了解霍韬晦的逻辑观。概言之，他是一个演绎主义者。由此，我们不难理解他为何要将归纳法拒于逻辑门外，也不难理解他为何得出上述结论。我们最好牢记这点，否则恐难理解他对某些因明命题的“逻辑”解读。至于其逻辑观，我们或许可以指出其狭隘，但也得承认他有这样的选择权。

然而，以“佛家逻辑研究”去命名其著作，其中的“逻辑”一词是否仅指演绎逻辑呢？霍韬晦并没有做出回答，或许他根本没有意识到这个问题。在“自序”中，他只是指出这个书名就其内容来说不是很合适。因此，除非他修改书名或者修正他的逻辑观，否则，此处的结论将出现问题。

但如果归纳法也被霍韬晦视为逻辑的一部分，他是否会认为因明是逻辑？这实际上是代替现代学者所提的一个问题，它的现实意义在于即便霍韬晦如上修改其逻辑观，结果也差不多。总之，不管他是否将归纳法纳入逻辑之中，“因明不是逻辑”都是真的。

---

① 参见霍韬晦《佛家逻辑研究》，高雄：佛光出版社 1979 年版。

② 具体内容可参看《佛家逻辑研究》中的“附录一 陈那以后佛家逻辑的发展”，第 137—160 页。

结论二是因明不能改写成纯形式推演。理由是因明不是逻辑。如果该结论显示的是因明体系形式化的不可能性，那么它值得我们仔细推敲。当然，就此问题做全面展开将是后面的事情，此处我们只需注意霍韬晦对此结论还另有说法即可。他认为，如果将因明论式视为为他比量式，则将之改写成纯形式推演是可能的。不过付出的代价是高昂的：如放弃因明论式最具特色的归溯形态，则为他比量式也就变成了纯粹的逻辑蕴涵式。如此，因明论式的特异性几乎丧失殆尽，因明被逻辑替代或因明可划归为逻辑也就成为可能，因明也几乎失去了存在的价值。

我们不得不承认，这种说法很有说服力。然而，如果依此追溯下去，会发现霍韬晦将归证说、三支论式与为自、为他比量结合起来的说法是很奇特的，我们不妨把它当作第三个结论。

结论三是为他比量只需展现自因证宗的历程，为自比量则包含归证形态中最可贵的由果溯因的历程。前者是逻辑的，后者则否。

霍韬晦似乎没有就此给出明确解释，因此难以弄清他的真实想法。但有一点是肯定的，即为自、为他比量各自的要求的确决定了论式的形态。或许这就是他所据之理。

结论四是喻依的存在决定了论式中的同异喻支是存在命题，其真假值由存在决定。此特点制约了因明全面转向形式推演的可能性，除非废弃喻依。

这个结论实际上也可当作结论二的一个理由或子结论。霍韬晦的解释有一定的道理，但也有可商榷之处。例如，从形式化的角度看，喻依的符号化蕴含了因明论式转向形式推演的可能性。关于这点，拟于探讨因明形式化可能性时再详谈。

结论五是因明的特色是将逻辑和归纳总提为一，从人类知识的应用看，这是必需的。因而，不应该为了单纯去追求逻辑的有效性而舍弃归纳（即归溯）部分。

这个结论实际是为了强调因明的特异性及其存在的合理性而提出来的，所言固然在理，但要解释清楚恐怕并不简单。

此外，霍韬晦的归证说还告诉我们，归溯的品格既是因明论式（乃至因明学科）的特色，也是制约因明走向演绎之路的障碍。不过，这种说法只限于陈那时代的因明。自法称以后，因明的论式结构中的归溯形态基本消失，与演绎逻辑相通之处越来越多。按照霍韬晦的说法，法称以后的因明“可以说是重新走上一条西方式的逻辑的道路，而背向了因明传统的由果溯因的性格”①。

四　归证说的价值及其局限性

一方面，从归证说本身的要义来看，它既是霍韬晦将因明和逻辑比较的结果，也是以逻辑解读（或阐释）因明的结果。更具体地说，这是他利用比较和解读（或阐释）两种模式研究因明论式的结果。总的来说，这两种模式在其研究中是贯彻始终的。不过，二者的具体表现形式并不一样。前者起初被用在三支论式和三段论法同异比较上，继而扩展至因明和逻辑的比较。后者则始终被当作一种基本的模式被应用。尽管霍韬晦基于其演绎逻辑观否认归纳法属于逻辑，但这不符合现代的观点。在此意义上说，归证说实际是一种从逻辑的角度解读论式乃至因明的一种学说。在霍韬晦看来，人们在以往的研究中只注意到回证的过程，却忽略了最能体现因明论式异于三段论法的特质的归溯过程。

另一方面，归证说又被霍韬晦当作专门解读因明的工具。这一点，在上文的解析中得到了验证。我们可以说，归证说的解释力决定了它的存在价值和意义。当然，也可从别的角度来看待这个问题。

第一，在用逻辑来解读因明的诸多说法中，归溯无疑是新说法，但从基本内容上看，霍韬晦基本上将归溯等同于归纳。这就必然引发一个问题，即因明论式中的归溯品格与其他学者所言的归纳性质有何区别呢?

相对而论，后者更为人们所熟知。人们将因明论式中的喻依当作归纳的标识，进而认为因、喻论支也是归纳的结果，从而提出了常见的关于因明论式归纳说，最终与论式的演绎性质相结合，提出了演绎兼归纳说。归溯说的成因未见明确表述，因而在上文只能根据霍韬晦所提供的若干信息推测，它源于自因望宗的观察方式。这且不管，归溯说已经出现的事实才是重要的。霍韬晦多处将归溯当作归纳的做法至少说明将归溯说的部分（而非全部）内容以归纳说来代替是可行的。然而，我们不能说霍韬晦以归溯说所做的工作和那些持有归纳说的学者一样。相比于之前乃至当代的许多学者，霍韬晦对论式所做的工作沿归溯（或归纳）之路走得更远，对论式背后隐含的东西挖掘得更深，因而其解释力

① 霍韬晦：《佛家逻辑研究》，“自序”第5页。

也要更强。相对来说，在归证说中回证部分的分量则要轻得多。从这个角度说，归证说的价值主要体现在归溯说上。值得注意的是，这与其他学者重“回证”轻“归溯”的观念是大不一样的，因而最终的结果也大相径庭。

第二，在对陈那与法称的因明体系做比较时，归证说再次发挥了作用。在霍韬晦看来，陈那首先考虑的是如何证明一个已存在的宗，而不是那种由前提如何推出结论的问题。这表明，陈那在一开始就持有归溯（或反溯）的态度。霍韬晦借此想告诉我们的大致有两点。首先，三支论式的归溯品格早就存在，只是被绝大多数学者忽视而已。其次，三支论式异于三段论法之处主要是它具有三段论法缺乏的归溯历程。他也据此指出一种通常的错误，即有些学者单纯从逻辑（此处指的是演绎逻辑）推理有效性的角度去看待因明论式，从而只看到与三段论法演绎过程相近的回证过程，而忽略了更为重要的归溯过程，进而错误地认为因的第二相是多余的。我们得承认，霍韬晦的这种看法确实是极有见地的。

第三，归证说还被霍韬晦用以解释九句因乃至它和因三相的关系。他认为从同品方面望因，因于同品或有，或无，或俱，九句因中的第二、八句对同、异品的要求之所本是因后二相。因此，“从九句因的分解，我们可以很清楚地看到陈那构作因明论式的归溯性格，九句因是陈那构作因明论式的基础”①。无疑，这是一种非常值得肯定的解释。

第四，以动态的归溯过程去阐释已定型的静态论式，追溯归证说的背景（学理的和宗教的）等方面亦显示出霍韬晦的高明之处。前者可视为归证说的一个鲜明的特点，后者实际上彰显了“归溯”的另一种含义。它们对于后继的研究是很有启发性的。

第五，需特别指出的是，霍韬晦借助符号逻辑（或数理逻辑）的工具来分析因明，以支持他的归证说，这为中国学者后续的同类研究开了先河，对于滞后于国外同类研究的中国同行来说，这是一个很好的开端。

第六，自吕澂开启陈那与法称因明的比较研究后，中国大陆的此类研究有二十年左右的沉默期。因此，霍韬晦重启此类比较研究很有意义。而且，归证说在此大显身手，这使得他与吕澂的研究有所区别。霍韬晦的研

① 霍韬晦：《佛家逻辑研究》，第144—145页。

究偏重于逻辑，而吕澂的研究更侧重于因明本体。但不管怎么样，从因明的逻辑研究层面上看，霍韬晦的确将此类研究向前推进了很多。他得出的一些相关结论是很有启发意义的。例如，他认为从逻辑的角度看，自因溯果的归溯品格本来是陈那论式的一大亮点，现在却成为制约其证宗效力的不利因素，从而影响最终对确定性知识的获取。喻依的存在、“同品定有性”的含义、“剔除有法”的规定等逻辑的和非逻辑的因素导致了上述结果，尤其是非逻辑因素的存在所起的制约作用更不容忽视。总体上说，陈那主张自宗望因引起的归溯是主要原因。反观法称，由于他主张自因望宗，而且有诸如改“同品定有性”为“因唯同品有”以及调整论式次第等一系列举措，从而导致与陈那论式截然不同的结果。如前所述，归溯的因素基本上被消除了，回证部分得到了加强，从而使得论式的逻辑推演能力得到了加强。①

第七，霍韬晦的归溯说与源于皮尔士的溯因推理有着很相近的地方。从汉传因明的逻辑研究的角度看，这无疑为我们指明了一个很有前途的新方向。

然而，霍韬晦的归证说依然存在不少值得商榷的地方。首先，如果霍韬晦认为从陈那的《集量论》以及《因明正理门论》中可以找到三支论式归溯特质的证据，那是没有问题的。实际上他也的确取得了部分成功。但他很多时候以陈那的名义来做断定，这种做法有时行得通，有时就会产生一种误导。譬如，他的这种表述会让人们以为陈那基于归溯的考虑精心构建了三支论式，甚至九句因。实际上，三支论式是应论辩（宗派间）以及论证（教派内）之需而产生的。当然，这种论式的形成并非经由陈那之手一蹴而就那么简单，尤其是归溯的性格（如果真有的话）更是经历了漫长的历史演化过程。其次，回证的两段历程的实质在于，归溯历程发生在论式成型之前，回证历程则在其成型之后。或者说，前者主要展现在论式之外，而后者集中体现于论式之内。前者实际上是霍韬晦自宗望因追溯的结果，因为静态的因明论式是展现不出这一动态的。上文曾指出对静态的论式做动态的处理显示出他的高明之处，此处它依然成立。不过，霍韬晦并未意识到这点②，因而他不时地将这两段历程视为由因明论式所

① 参见霍韬晦《佛家逻辑研究》，高雄：佛光出版社 1979 年版。

② 袁尚华倒有这方面的明确说法，但它是否源于霍氏的口述就不得而知了。见《因明新论》第 220 页的说法：“溯因活动并非静态形式关系的论列。”

包含，这是不够严谨的[①]。另外，关于因的第二相与归溯之间的关系问题，在霍韬晦那里实际上并未得到根本的解决，对“同品定有性”具有归溯的性格的解释总不免给人以牵强之感。因而，以此支持因的第二相并非冗余的判断，力度依然不够。最后，如果将霍韬晦的归证说称为一种很别致的演绎兼归纳之说（或归纳演绎说），也未尝不可。既然他坚持己说，则应该将它与常见的演绎兼归纳说加以区分。但他没有这样做，而是将此工作留给了袁尚华。

五　袁尚华对归证说的强化和补充

霍韬晦的归证说很少被中国大陆学者提及，这是令人奇怪的现象。但不管怎样，他的学说至少受到了袁尚华的推崇，并经由他的拓展和强化后，归溯的特点更加鲜明，宗前因后的次第有了更为充足的成因，而且归证说业已自成体系。但也需注意的是，袁尚华在有些地方所做的修正有矫枉过正之嫌，而且将归证说与演绎、归纳以及演绎兼归纳之说比较的结果也部分地违背了霍韬晦本意。因其工作建基于霍韬晦的归证说之上，故我们对其只做择要评述。

（一）宗前因后次第的宗教之理

主张对因明做文化、哲学以及宗教等方面的背景分析，以期获得一种立体式的认知，这可视为霍氏之前考察论式背后的论证或论辩之理以及所谓“宗教悲情”的一种呼应。然就其实质性的内容而言，所谓文化、哲学方面的背景分析似乎并没有向我们展示什么新鲜的或者深刻的东西，真正值得关注的是其关于宗教以及论理方面的背景分析。[②]

袁尚华认为，因明论式宗前因后的次第，不仅有论理上的成因（即合乎论证或论辩的规范），还有宗教方面的原因。不过，后者才是其所论亮点。具体而言，有两点。第一，宗前因后的次第符合“宗第一，教第二”宗教原则。第二，从佛教终极目标来看，因明不只是“因明”，它还

---

① 需要指出的是，《佛家逻辑研究》中代表其早期观点的前三章时常有此类表述（尤其是前两章），在代表其后期观点的“附录一”中，这种表述就极少。但不管怎样，在一本著作中应该有统一的看法。

② 参见袁尚华《归证——从哲学及逻辑之双重进路论因明之根本特质》，载张忠义、光泉、刚晓主编《因明新论》，中国藏学中心出版社 2006 年版。另，袁尚华所谓的“宗教哲学”即为此处之“宗教”。观其所论，实为宗教而非哲学。

是“宗明”。而且，若已“宗明”，则不需“因明”。[①] 显然，袁尚华试图通过佛教中对“宗”的强调来阐释因明论式中宗前因后的原因，进一步为自果溯因的归溯说寻找佛教依据。并依照这点批评了当代学者两类做法的偏颇：一是不明佛教哲学之宗趣而纯以西方逻辑来界定因明；二是把握不准佛教因明中宗主因从的关系，反而倒从为主。[②] 笔者认为其说是一种新解，也承认其言之成理。至于这个“理”是否合佛教之理，则应该由佛学家来判定。其批评也不无道理，毕竟这种考察论式之宗教成因的做法正是被批评者所论中缺乏的。

（二）因三相的归证特质与解读原则

袁尚华在“‘因三相’是‘溯因的操作原则’”[③] 部分指出，如果仅依照静态的平面解读方式（自因望宗），则将只能把因三相当作“演绎前提”或“正因的条件”之类的东西来看待，也就“无从发现因明以宗为本的论辩性格，亦无从认识因明的动态的回溯过程，和整个归证形态的特质”[④]。为揭示因三相的本质，应该如霍韬晦认为的那样去做，即“必须由一般平面的形式思维，转为与因明同步操作的动态思维，才能发现因三相的真正特质”[⑤]。

很显然，关于因三相的解读在上文介绍霍韬晦的归证说时已经有所表述，在此不赘言。但必须指出的是，袁尚华做了一定程度的发挥。譬如，“因三相是由宗望因的结果”；“因法并非现成”，需要归溯才能找到；“溯因活动并非静态形式关系的论列”。这些说法都有一定的道理，尤其是最后那句似乎是霍韬晦未曾明确表述过的。

当袁尚华提出“‘因三相’是‘溯因的操作原则’”的说法时，他实际上已经把握了归证说的精髓，但当他试图将归证说朝波普尔的证伪说方

---

① 参见袁尚华《归证——从哲学及逻辑之双重进路论因明之根本特质》，载张忠义、光泉、刚晓主编《因明新论》，中国藏学中心出版社 2006 年版。

② 参见袁尚华《归证——从哲学及逻辑之双重进路论因明之根本特质》，载张忠义、光泉、刚晓主编《因明新论》，中国藏学中心出版社 2006 年版。

③ 袁尚华：《归证——从哲学及逻辑之双重进路论因明之根本特质》，载张忠义、光泉、刚晓主编《因明新论》，中国藏学中心出版社 2006 年版，第 220—222 页。

④ 袁尚华：《归证——从哲学及逻辑之双重进路论因明之根本特质》，载张忠义、光泉、刚晓主编《因明新论》，中国藏学中心出版社 2006 年版，第 220 页。

⑤ 袁尚华：《归证——从哲学及逻辑之双重进路论因明之根本特质》，载张忠义、光泉、刚晓主编《因明新论》，中国藏学中心出版社 2006 年版，第 220 页。此说未见于霍韬晦的《佛家逻辑研究》，不知其源于何处。

向靠拢时，我们只能说这是一个并不能确保成功的尝试。实际情形也大致如此。

（三）归证、演绎、归纳

观袁尚华所论归证，可知其不仅比较精准地把握了霍韬晦概念之要义，而且能够娴熟地应用它。特别应指出的是，他还将归证说与大陆学者当时的同类学说做了比较研究，这一点是霍韬晦缺乏的。其至少两方面的工作是值得关注的。第一，阐释“因明不等于演绎法”以及“因明的先验综合取向”之部分时[①]，屡有新见。前者的主干内容固然源于霍韬晦“因明不是逻辑”之说，但他并非生搬硬套，而是有所阐发。例如他抓住因明论式必举喻依以证喻体实然之真假的说法，来论证即便从回证部分看因明论式也不同于演绎法。进而，论证了因明兼取经验性和必然性所具有的优缺点。这对于揭示因明论式的实质无疑是有所助益的。我们更需注意他的如下说法：“以现代逻辑观点整理因明之举，虽则可作，但必须有恰当尺度，否则将扼杀因明。”[②] 然而，我们也要看到，当他将归证说和演绎、归纳以及二者相兼说做比较时，在某些方面对霍韬晦之说做了过度解读。例如，“归纳逻辑”的说法在霍韬晦的著作里并未出现，而且上文即已指出霍韬晦是反对将归纳当作逻辑的，因此很难想象他会接受并使用这样的术语。

第二，在“因明不等同于归纳法”部分，袁尚华从知识发现的角度出发，以归纳法不能发现知识而因第二相为发现知识的起点为依据，论证“因明不等同于归纳法”。进而强调因明比演绎、归纳以及归纳兼演绎或演绎兼归纳更多，可惜未做展开。这些看法无疑是新颖的，尽管不一定是正确的。例如，发现知识或知识发现之说与归纳没有关系的说法恐遭非议。然而，当我们看到他在前文中大力阐发波普尔科学发现的逻辑中的“证伪”说，以证明因明的归证说与之有可通之处时，多少能明白他为何会有此论了。关于这点，应该稍做说明。借助波普尔的证伪说来解释归溯说（或者溯因的科学性），这是一种很有益的尝试。但也不得不说，这种尝试并不一定代表成功。至少在很多地方，袁尚华的解

---

① 袁尚华：《归证——从哲学及逻辑之双重进路论因明之根本特质》，载张忠义、光泉、刚晓主编《因明新论》，中国藏学中心出版社 2006 年版，第 231—233 页。

② 袁尚华：《归证——从哲学及逻辑之双重进路论因明之根本特质》，载张忠义、光泉、刚晓主编《因明新论》，中国藏学中心出版社 2006 年版，第 232 页脚注①。

释是比较牵强的。之所以如此，主要是因为这种为科学发现寻找方法论依据的证伪说并不完全适用佛教因明的研究，毕竟科学与宗教的分野还是非常大的。

第三节　最大限度类比说

类比说是郑伟宏于20世纪末提出的，以逻辑解读汉传因明的另一种学说。该学说之所以受到人们的关注，主要有两个方面的原因。一是“类比”之说的特异。二是其广泛的批评指向。前者之“特异”既是称呼上的，也是内容上的，详情容后再叙。后者所涉“批评”之广引人关注。从国外的大西祝（日）、舍尔巴茨基（俄）、齐思怡（美）到国内的陈大齐、沈剑英、巫寿康、姚南强等诸多学者，都在其批评之列。甚至连沈有鼎等非因明学界的知名学者，亦隐约在列。① 另一点值得注意的是，近年来愈演愈烈的除宗有法之争，实际上也与该学说有关。那么，该学说究竟包含什么样的内容？其理论渊源如何？具有什么样的价值和意义？其局限在哪里？接下来，将逐一解答。

一　基本要义

类比说的基本主张有三点。第一，同异品、同异喻依、因后二相、九句因皆须除宗有法，同异喻体亦须如此。第二，同异喻体因除宗有法而成为特称命题而非全称命题，亦即“除外命题”。第三，陈那因明或论式的逻辑性质是类比的，而非演绎的。然而，仅以类比说来界定陈那的论式，无疑贬低了陈那将五支论式改为三支论式的功劳，或者说相当于将陈那学说降低到古因明师以及当时正理学派的水平，这显然是不合理的。因而，郑伟宏最终将其学说界定为“最大限度类比”说，以示陈那超出古因明师但比之法称犹有不足之处。那么，“最大限度”是什么意思呢？郑伟宏的言陈很难让人相信他给予过明确的解释，但其意许或者可以解释为：同异喻体除宗有法后固然变成了除外命题，但相比于全称命题只差一个宗有

① 批评之说可参阅郑伟宏《百年因明谁与评说》《再论同、异品除宗有法》［《西南民族大学学报》（人文社会科学版）2010 年第 5 期，2012 年第 11 期］。另见其专著《佛教逻辑通论》《因明正理门论直解》《汉传佛教因明研究》等。

法。这大概就是郑伟宏关于“最大限度”的本意。为方便起见，本书基本上采用“类比”说这个简称。

二　理论来源

除宗有法在陈那的《因明正理门论》《集量论》《因轮论》等著作以及商羯罗主的《因明入正理论》中都未见明言[①]，该说法真正明确的表述始于唐疏（如窥基的《因明入正理论疏》等）。在近现代国外学者中，日本学者大西祝，西方学者齐思怡、海耶斯等人曾有过类似研究。陈大齐应该是最早对它做过系统研究的中国学者，巫寿康于20世纪80年代末深化了这方面的研究。总的来说，在近现代的中国学者中，持同品除宗有法异品不除看法的学者有巫寿康、沈剑英、姚南强[②]等，持“双除”看法的则有吕澂、陈大齐、霍韬晦、郑伟宏等。

观郑文之内容，其研究除宗有法的最初动机似乎只是为了反驳巫寿康的观点[③]，其基本思想则主要源于或受启于陈大齐。因此，他的类比说的理论来源除了增设一些源于陈那学说中的依据外，其他的内容都可在陈大齐的《因明大疏蠡测》中找到出处（见前文）。

然而，值得注意的是，陈大齐坚持的同异喻体必不可除宗有法的主张，被郑伟宏视为未能将其原有思想贯彻到底，因而有所欠缺。[④] 这是二者的分歧所在，进而也影响到各自对陈那因明逻辑性质的判定，即前者坚持演绎归纳说，后者则持类比说。从郑伟宏的批评来看，他只是不同意其演绎的说法，并未否定其归纳说。暂且不论将除宗有法贯彻到同异喻体上的做法是否妥当，有一点必须指出，即郑伟宏可能没有注意到，除宗有法在陈大齐那里只限于归纳过程，并不带入演绎过程。因此，在那个所谓的“归纳飞跃”完成后，接下来就是纯演绎的过程。只有如此，所谓“AAA”式的说法才能成立。显然，这就是为何陈大齐

---

① 《因明正理门论》云“若所比处此相审定，于余同类念此定有，于彼无处念此遍无”。“夫立宗法，理应更以余法为因成立此法。”其中的“余”有除宗有法之意，但终未明言。

② 参见姚南强《论陈那三支式的逻辑本质》，《复旦学报》（社会科学版）1990年第6期。

③ 参见郑伟宏《再论同、异品除宗有法》，《西南民族大学学报》（人文社会科学版）2012年第11期。

④ 参见郑伟宏《百年因明谁与评说》，《西南民族大学学报》（人文社会科学版）2010年第5期。

要特意强调同异喻体必不可除宗有法的原因所在。[①] 既然如此，如有异议，一般的做法是将批评的矛头指向那个“归纳飞跃”。郑伟宏并没有这样做，或许是因为他在这点上误解了陈大齐的本意[②]，或许因为他始终关注的是如何遵照“同一律”将其除宗有法贯彻到底。尽管演绎说最终还是被其类比说否定了，但其过程是耐人寻味的。对于后文的评论来说，指明这点是必要的。

三 类比说的建立

接下来的问题是要弄清楚该学说是如何依托前人的理论建立起来的。将散见于其专著及论文中的观点进行适当的归纳，我们不难找到郑伟宏建立类比说的基本思路。简单地说，他只是做了一件将同异品概念的除宗有法向命题的除宗有法推衍的事情。从这个角度看，他的类比说可以概括为两部分：一是概念除宗有法，二是命题除宗有法。[③] 前者实指同异品等概念的除宗有法，后者则指九句因、因后二相、同异喻体等命题的除宗有法，前者是基始，后者是前者的推衍。因而，探讨类比说如何建立的问题首先要弄清前者是如何形成的，再由此解决前者如何能够推衍至后者的问题，其中最关键的是如何推衍至同异喻体的问题。无疑，最应该关注的问题是同异品除宗有法以及同异喻体除宗有法是否都是有理有据地建立起来的。接下来，我们先简要分析这两者建立的依据，然后在做局限性评论时分析其建立之理。

（一）同异品皆除宗有法

实际上，郑伟宏更喜欢用“同异品皆须除宗有法”而不是“同异品皆除宗有法”来强化其观点[④]。这且不管，关键的是他能提供什么样的证据和理由。

---

① 陈大齐虽在后期的著作中对同异喻体是否需要除宗有法有过犹豫，但最终还是其早期思想占据上风。参见《因明入正理论悟他门浅释》（台北中华书局 1970 年版）。

② 郑伟宏认为“陈大齐担心新因明虽增设喻体，依然无所裨益”［《再论同、异品除宗有法》，《西南民族大学学报》（人文社会科学版）2012 年第 11 期］。该观点是在评判陈大齐本身说法的基础上提出的（同文第 74 页），但观其陈氏后文，陈大齐真正担心的似乎还是如何通过“归纳飞跃”得到同异喻体，而并不担心同异喻体成为前提后的演绎功能。

③ 按照逻辑上的惯例，“概念”与“判断”是一个系列的术语，“词项”和“命题”是另一个系列的术语，此处混用比较合乎汉语的习惯，而且不大可能引起误会。

④ 郑伟宏：《佛教逻辑通论》，复旦大学出版社 1996 年版，第 49 页。

在前文中已提及，他的除宗有法思想的理论来源在陈大齐的著作里大都可以找到出处，该说法在此处自然还成立。但更进一步的说法是，尽管前者对除宗有法的表述有所不同，并且所提出的依据有所增加，但真正支持其主张的还是第五句因的存在以及论辩本身对双方的要求（如共许、不循环论证等），因此可以说其思想基本上来源于陈大齐，其建立同异品皆须除宗有法的过程也与后者大致相同。关于其新证据以及新论证的问题，将在评价其局限性时再论。至于二者之间的分野，则在于是否将除宗有法推衍到同异喻体上。这正是接下来要讨论的重点。

（二）同异喻体除宗有法

同异喻体为何也要除宗有法？对此问题，郑伟宏先后给出的解释不完全一样①，观其近期的解释，更能反映他的真实想法。“同、异喻必须符合因的后二相的规定，也要除宗有法。同、异喻除宗有法包括两个方面：喻依和喻体。”② 注意这并没有直接回答同异喻体是否要除宗有法，而是以一种曲折、隐晦的方式来应答。不过，观其后文之展开不难发现郑伟宏想要表达不过是：因后二相要除宗有法→同异喻也要除宗有法→同异喻体也要除宗有法。为什么要插入中间这个环节而不采取更直接的方式？这是令人奇怪的。而且，为证明同异喻依也要除宗有法，他竟然是通过艰难解释窥基的原文，而不是采用同异品包含同异喻依的关系来完成。这种做法与上面那种隐晦的表达是类似的，但除了将问题延期解决外，并没有多大的益处。为了避免陷入郑伟宏的这类怪圈，我们不妨将其各式说法进行适当的概括，以此考察其所论是否合理。观其前后期著作，同异喻体除宗有法的说法大致是以如下两种方式形成的：（1）宗同异品除宗有法→因同异品除宗有法、同异喻依除宗有法→同异喻体除宗有法；（2）同异品除宗有法→九句因除宗有法→因后二相除宗有法→同异喻体除宗有法。

毫无疑问，关键的是最后一步如何实现。首先来看（1）的有关解

---

① 其早期的看法是“既然第二、三相中的同品和异品都不包括宗之有法，那么显示第二、三相的同、异喻体也不可能是毫无例外的全称命题，而只能是除外命题”［《因明概论》，《复旦学报》（社会科学版）1990 年第 3 期］。再往后则增添了“同喻依除宗”作为前提（《佛教逻辑通论》复旦大学出版社 1996 年版，第 82 页）。

② 郑伟宏：《再论同、异品除宗有法》，《西南民族大学学报》（人文社会科学版）2012 年第 11 期。

释："喻既然由体和依组成，二者必定有内在的一致的必然的联系。"① 这并不是一种很好的表述，"内在""一致""必然"的说法看似清楚，实际很笼统。如此重要的转换却使用如此含糊的描述，关键处反而轻描淡写，这是一种让人难以理解的做法。无疑，用其理昭然无须多言的说法来自我辩护，那相当于暗示反对者也可以采取类似的做法来回击，因而这肯定不是一种好办法。最妥当的做法显然还是对这种转换进行详密的论证。由此可见，关于（1）的解释是失败的。关于（2）的论证则是：同异喻体由因后二相确定，既然后者要除宗有法，那么显示因后二相的同异喻体也要除宗有法。这种解释表面上看并非没有道理，但正如前文所强调的，重要的转换既要有更具体、更准确的表述，也需要更详密的论证。在这方面，郑伟宏所做的依然不够。

如此看来，同异喻体须除宗有法的观点还有待确证。不过，我们也得承认，这是一种前所未有的新说，因为它不仅在陈那著作中未有明言，在陈那之后的诸家疏解乃至郑伟宏之前的近现代学者的著作中也未见此说。从学术进步的角度看，无论这种新说能否得到学界大多数人的认可，它的提出者都应该得到掌声。那么，该学说是否具有如提出者本人所强调的那么重大的意义呢？这恐怕还有待确定。不过，严肃认真地考察该学说的合理以及不足之处，才是对提出者真正的尊重，而这正是本书接下来要尝试的工作。

四 价值与局限

（一）理论价值

或许可以这样说，如果我们承认郑伟宏坚持的同异品皆须除宗有法、同异喻体也须除宗有法的观点，那么类比说就是合理的学说，而且依据它既能反驳那些纯粹的演绎主义者的说法，也在一定程度上反驳了演绎归纳说。此外，建立类比说相当于为逻辑与因明之间的同异性比较另辟了一条新的途径。尽管这并不意味着否定了演绎归纳说或归证说存在的意义，但作为陈那学说的一种新的解释，作为一种竞争性的学说，它有助于我们更好地揭示和把握陈那学说的本质。即便这是一个不成功的学说，也能给后

① 郑伟宏：《再论同、异品除宗有法》，《西南民族大学学报》（人文社会科学版）2012 年第 11 期。

来的研究提供借鉴作用。从上述意义上说，类比说无疑是有理论价值的。

（二）理论局限性

然而，该学说并非像其提出者所期待的那样完善，更非如其某些断言的那样绝对。实际上，类比说自问世起就遭遇了很多挑战，这绝非仅由学派之争所导致，最根本的原因还在于该理论本身的问题。而且，即使该学说是合理的，也并不意味着它是解释陈那论式的唯一学说。郑伟宏以及该学说的支持者在举证该学说之优点、寻找新的证据和理论支撑方面屡有发现，试图进一步强化该理论的解释力，这对于该理论的完善固然有益，但毋庸讳言，类比说的某些缺陷将不仅为其取代传统演绎归纳说和归证说的前景蒙上阴影，而且也基本上丧失了成为解读陈那论式最恰当学说的可能性，甚至在现已成型的学说中成为解释力最弱的那一种。

1. 同异品除宗有法的困境

同异品除宗有法是整个除宗有法思想的基石，而除宗有法又是类比说的理论核心。因此，检验类比说可靠性的关键在于考察其基石是否坚固。如前所论，郑伟宏的除宗有法思想除了在同异喻体上也坚持除宗有法的看法外，其他方面与陈大齐是基本一致的。这就意味着，二者的理论将具有一些共同的缺陷。仅以同异品皆除宗有法为例，像陈大齐一样，郑伟宏也要面临异品之悖或宗有法无处藏身之类的解释困境。

毋庸置疑，对于“同异品皆须除宗有法”说，最为关键的是要解决异品为何也要除宗有法的问题。观郑伟宏所论，他除了沿用陈大齐的说法外，实际上还补充了一些新的依据，但其所做论证依然存在很大问题。甚至可以说，他从来没有成功论证过其异品除宗有法思想的合理性。其中的原因是多方面的，也是耐人寻味的。

具体而言，第一是其惯有的论证陋习导致的，即在论证过程中随意掺杂过多非理性或非义理的因素，如“题中应有之义”①，“印度当时的各派学者人人皆知的基本知识”，“贝叶珍贵，一字千金”，“作为‘中世纪逻辑之父’起码要遵照执行”，“未尊师说……不足为训”② 等。

第二是因其在论证过程中使用了一些来源有待确定的依据，譬如

① 郑伟宏：《佛教逻辑通论》，第 49 页。

② 郑伟宏：《再论同、异品除宗有法》，《西南民族大学学报》（人文社会科学版）2012 年第 11 期。另，后文所论除特别注明外，都是针对郑伟宏此文中的观点。

“我的博士生发现……”“我的硕士生又发现……”[①]，这种残缺的信息无法让我们确知其具体所指，也无法追溯其原文出处。显然，上述这些既不能服人之口也不能服人之心的说法，给人一种相当糟糕的印象，其论证效果自然也随之大打折扣。

第三是因其未能深入挖掘异品除宗有法的思想来源，且对论证所持的依据缺乏足够透彻的分析和说明。我们不妨以其引用过的陈那原说、唐朝疏解、陈大齐的思想等为例，略做点评。例如，其所提供的来自陈那原说的主要证据（即九句因中的第五句因）与之前陈大齐、巫寿康的一样。从陈大齐最初的引用看，它实际上应归功于窥基《因明大疏》的启发。[②] 但郑伟宏将其转换为“九句因表明，同品、异品是除宗有法的”[③]。本章第一节即已指出，陈大齐曾经意识到以第五句因的特例作为同异品皆除宗有法的依据不够有力，故以因明论辩的要求来加强。只是他后来屡有误将此特殊视为普遍的做法，尤其是当其“双除”说需要支持时。如果我们了解陈大齐的思想以及郑伟宏对其思想的继承，那就不难理解后者所做转换的来龙去脉了。其观点的实质在于，先将第五句因得出的结论（即同异品皆除宗有法）扩展至九句因，然后再以九句因的名义将“双除”说扩展至因后二相、同异喻体，乃至整个因明体系。然以此为据证明异品亦须除宗有法，显然是很成问题的。纵有进一步寻找陈那原说作为证据的补救措施，亦未能让此观点成立。真正的问题在于：由第五句因约束其余八句因，由前者导出的同异品皆除宗有法的要求被推衍至所有的因，这种做法是否妥当？郑伟宏似乎从未考虑过这个问题，因而无从判断其看法。但就此做出必要的解释，并非无足轻重。不管实情如何，有一点我们是可以断定的，即在对待第五句因得出的“同异品除宗有法”结论上，陈大齐的错误在于不加限制地使用它，而郑伟宏犯了同样的错误。再如，当其认为四家唐疏作者皆持同异品除宗有法的观点时，我们从其所提供的证据以及所做的分析中看不出有足以推翻异见的力量。未透彻解释四家唐疏中的原意，是其证据无法有效支持其观点的根本原因。

---

① 郑伟宏：《百年因明谁与评说》，第99页。

② 参见陈大齐《因明大疏蠡测》，中华书局2006年版。

③ 郑伟宏：《佛教逻辑通论》，第60页。

第四是针对异品不除宗有法的可能后果所做的解答，还不能让人信服。针对异品不除宗有法可能导致什么结果的问题，郑伟宏在不同时期表达过不同的看法。那么，它们是否经得起推敲呢？且看如下的分析和判断。

［观点 1］异品若不除宗有法，则与新因明整个体系相矛盾。[①]

该观点因无论证而不足道。

［观点 2］异品若不除宗有法，则敌方可以以宗为异品，异品有因，不满足异品遍无性。如此，则任立一量都无正因，立量者将根本无法防止敌方的驳斥。[②]

这是一个值得重视的论证，但它实际上是陈大齐于《因明大疏蠡测》中所做论证的现代汉语版。据本章第一节所做的评析，这是一个有问题的论证。除非我们同意陈大齐将立敌双方的比量同时比较的做法，否则我们很难认同这个论证。有一点需要补充说明的是，上文对陈大齐论证的质疑主要基于两个原因，其一是其所引发的问题以及有点令人讨厌的争论；其二是在没有充足理由的情形下，我们对其同时比较两个比量的做法可以选择接受或拒绝。因此，对此论证的否认并不意味着它没有一定的合理性。当然，陈大齐、郑伟宏以此论证异品除宗有法尚不够有力，这是可以确定的。

至于其他的论证，基本上未能有效支持其观点。例如，当郑伟宏提出因第三相也要除宗有法的观点时，他明显知道陈那本人没有这种表述，却认为第三相中的异品“理应随顺理解为宗有法之余”[③]。这种说法显然不足以让人信服。

最后需要指出的是，郑伟宏曾引用理查德·海耶斯（Richard P. Hayes）的观点来增加“异品除宗有法”的说服力，但这类引用不如他想象的那样成功，因为我们看不出海耶斯的那些观点能够有效地支持异品除宗有法。从郑伟宏所引观点的出处以及对海耶斯的介绍来看，他并不是很熟悉后者的原著。例如，在《陈那关于指号的解释》（*Dignāga on the Interpretation of Signs*）中，第四章的标题叫“陈那的知识论”

① 郑伟宏：《佛教逻辑通论》，第 79 页。

② 郑伟宏：《汉传因明是解读印度新因明的钥匙》，《哲学研究》2007 年增刊，第 108 页。

③ 郑伟宏：《汉传因明是解读印度新因明的钥匙》，第 108 页。

(Dignāga's Theory of Knowledge)[①]，而不是郑伟宏所引用的名称“陈那的逻辑”[②]。其实，海耶斯更关心的是陈那时代那种确定知识的获得，陈那体系与现代逻辑相通的部分并不是他的重点。谙熟现代逻辑的说法其实还是有点勉强的，至少从其使用的逻辑技术和知识来看，基本上属于传统逻辑的范畴。当然，这并不重要，尤其不能以此否定海耶斯的成就。但另外一点却不得不提，郑伟宏曾引用过据说源于海耶斯的“陈那因三相示意图”，但在其著作中实际上已对原图进行了加工[③]，这点作为重要的引用是需要指明的。这些林林总总的疏忽让人很怀疑郑伟宏对其观点的引用有多大的可信度。即使抛开这些细节，郑伟宏恐怕还不能从海耶斯那里获得足够的支持。图解（如文恩图、欧拉图、皮尔士存在图等）的确具有文字所没有的直观解释力，但它不是万能的，甚至不能很好地显示论辩过程的那种动态，或者说它也是静态的、无主体的。在海耶斯的图解中，我们还看不出它有消解那些争论的功能。最早明确提出除宗有法观点的人据现有的资料看是中国唐代的玄奘师徒[④]，中国学者显然由此获得了一种国外学者没有的优先解释权。因此，对国外学者同类观点的引用需要特别小心。

第五则是因其未能就异品除宗有法的相关质疑做出真正有说服力的反驳。当姚南强提出“异品何处藏身”的质疑时，以合逻辑之理却不合论证实践的说法做出回应其实是有一定道理的。但郑伟宏却未能就论证实践的具体情形做更详细的展开，也未能做更为深入的分析，总体上依然局限于陈大齐的解读模式，而本书在本章第一节中已指出这种模式是有缺陷的。而且，他一方面指出“同许极成”与同一律不能相提并论，另一方面却大谈同一律。显然，这不仅是一种自我相违的做法，也是一种与论证主题相关程度不高的做法。其结果是既干扰了自己的论证，又难免有转移论题之嫌。

总之，郑伟宏并不妥当的做法是，一方面强调同异品作为初始概念的

---

① Richard P. Hayes, *Dignāga on the Interpretation of Signs*, Dordrecht: Kluwer Academic Publishers, 1988, p. 111.

② 郑伟宏:《佛教逻辑通论》，第 87 页。

③ 参见郑伟宏《佛教逻辑通论》，复旦大学出版社 1996 年版。原图见 Richard P. Hayes, Dignāga on the Interpretation of Signs, Dordrecht: Kluwer Academic Publishers, 1988, p. 123。

④ 之所以也提到玄奘，是因为唐代四家疏解都有同品除宗有法的观点，至少文轨的疏解可能含有玄奘的口译。

重要性，但另一方面却未能全力敦实其类比说之根基（同异品皆除宗有法之说）。这不仅降低了同异品皆除宗有法观点的说服力，也影响同异喻体除宗有法的可靠性以及解释力，进而严重动摇了类比说的根基。更确切地说，其同异品皆除宗有法的观点未能摆脱我们之前对陈大齐的质疑，其同异喻体皆除宗有法以及由此产生的除外命题，乃至整个类比说都未能免于质疑。

2. 同异喻体除宗有法的问题

同异喻体除宗有法是类比说有别于其他学说（尤其是陈大齐的学说）的重要标志，因此它的问题也相当于类比说本身的问题。既然同异品除宗有法的观点不可靠，那么同异喻体皆须除宗有法的说法显然也有问题。即便我们假定它能成立，也会遇到很多别的挑战。首先，如果事实真如郑伟宏所认为的那样，陈那时期的比量都是共比量，类比说应此而生，那么它的适用范围就只限于论辩的场合，或者说多主体的场合。以现代的术语来说，共比量的本质不过是概念及判断层面的共许。它与为自、为他比量的区别在于前者不需加任何简别语，后两者则否。现在的问题是，为自、为他比量都被拒斥在类比说的适用范围之外，这对于类比说的解释力无疑是一个很大的限制。其次，更具体地说，类比说只限于立敌双方都坚持既立且破或既破且立的场合。超出这个范围，其合理性将大为降低。另外，同异喻体除宗有法真正的来源在于论辩的要求，如果它反映了陈那体系的真实情况，那么，在陈那学说基础上建立的法称体系如何能够避免同异品皆除宗有法乃至同异喻体皆除宗有法？或者说，法称时代是如何消除陈那体系中的那些除宗有法因素的？对类比说而言，这是一个更大的挑战。在目前未能得到确解的情形下，我们大概只能说，类比说在冲击人们固有观念方面的积极作用要强过其在解读因明方面的作用。

五　余论

观郑伟宏之研究，重视因明原典以及汉传因明之本位是其最值得称道之处。从《因明正理门论直解》《汉传佛教因明研究》等书目的标题可以略见一斑。不过，因明与逻辑的关系在他的研究中一直未得到很好的解决。从早期的逻辑主义者到近期回归汉传因明的本位主义者，这种不同时期对因明和逻辑不同的倾向或许能在一定程度上解释这点。合逻辑之理不一定合因明之理，反之亦然。这在陈大齐的著作里得以明确区分，在郑伟宏的著作中却一直处于时而清晰时而含混的状态。当他力持同异品除宗有法、同异喻体亦须除宗有法的类比说时，尤其当该学说遭遇质疑时，这两者之间的关系在他的辩护中实际上处于一种相当失衡的状态。尽管在其近期的论文《再论同、异品除宗有法》（2012 年）[①] 中有所改变，但依然未达到理想的状态。

最大限度类比说给因明学界重新解读陈那体系所带来的希望之光，在提出者过于强烈的情绪中逐渐暗淡下去。在某种意义上，郑伟宏对类比说的坚持与其说是在维护陈那的传统，不如说是在坚持新说。从学术的角度看，这很正常。问题是，对支撑类比说的共比量的过分强调，很大程度上限制了类比说的解释力；对论辩实践的过分强调，则不仅遮蔽了陈那因明的其他属性，而且在一定程度上拒斥了沿逻辑方向的合理解读。令人不禁怀疑：陈那之学是否被最大限度类比说给圈禁起来了？

① 参见郑伟宏《再论同、异品除宗有法》，《西南民族大学学报》（人文社会科学版）2012 年第 11 期。

第四章

汉传因明的形式化研究

形式化是使亚里士多德伊始的传统逻辑向现代逻辑转型的关键因素。自莱布尼茨提出逻辑演算的思想以来，通过布尔、弗雷格、罗素等数理逻辑学家的努力，借助形式化理论和方法逐渐将其变为现实。之后，哥德尔证明的第一定理给了以希尔伯特为代表的数学形式主义者无限的希望，但哥德尔的第二定理又使得他们试图对数学全面形式化或者将数学划归逻辑的梦想破灭。正是通过该定理，人们看到了形式化方法和理论的局限性。而后的真理性概念不可定义的定理以及丘奇－图灵的不可判定定理进一步加深了人们对局限性的印象。

然而，随着计算机的飞跃发展，人们似乎看到了新的希望。人工智能成了一个非常热门的研究领域，而人工智能逻辑、语言逻辑正是逻辑参与该领域研究的主要代表。无疑，形式化方法在其中扮演了极为重要的角色。从这个角度看，形式化方法给了人工智能无限光明的发展前景。

不过，本书真正关心的问题是，形式化能给予汉传因明研究什么样的希望？具体而言，它可以细分为如下的子问题：什么是汉传因明？什么是形式化？在以往的因明研究中，形式化扮演过什么样的角色？汉传因明形式化的意义何在？如何评价其可能性和恰当性？第一个问题在本书的第一章已经得到了一定程度的解答，现在需重点解决的是后四个问题。

第一节　形式化概述

一　什么是形式化

人们通常谈论的形式化实际上是一种关于形式化方法和理论的统称。前者侧重于解决如何做的问题，后者主要为前者提供理论基础，包括发生发展的原因、理论预期、应用范围、基本形态、理论意义及方法局限等方面的内容。不过，在大多数场合，人们更习惯使用“形式化方法”。

按照卢卡西维茨的观点，形式化的因素（即符号变项）在亚里士多德的著作中即有所显现（本章的下一节，将做专论）。然而，严格的形式化方法直到近现代才真正发展起来，而且它最初只是一种在数学领域内发展起来的方法，主要用以解决如何更精确又更简洁地表达数学领域的基本概念、定理或公理，以及如何进行形式有效推演等问题。当然，逻辑学家们更喜欢在数理逻辑或符号逻辑的范畴内谈论形式化方法。他们认为，形式化方法的发展曾经历过三个重要的阶段。在第一阶段（17 世纪 70—80 年代），受启于莱布尼茨的通用语言、普遍演算的思想，布尔创立了布尔代数，德摩根建立了关系逻辑。在第二个阶段（19 世纪 80 年代至 20 世纪 30 年代），弗雷格于 1879 年在其《表意符号——一种按算术语言构成的纯思维的符号语言》中，构造了历史上第一个严格的、初步自足的关于逻辑规律的演算系统。罗素和怀特海在总结前期成果的基础上，合著了三大卷的《数学原理》，建立了一个完全的命题演算和谓词演算，将现代符号逻辑的发展推向了这一时期的顶端。在第三阶段（20 世纪 30 年代后），哥德尔不完全性定理、塔尔斯基的形式语言的真理论、图灵机被视为这一阶段前期的标志性成果，之后则逐步形成了证明论、公理集合论、递归论和模型论（即所谓“四论”）。①

众所周知，这种带有鲜明数学色彩的形式化方法后来在逻辑、哲学、语言学、计算机等众多领域的应用中获得了更大的普遍性。尽管本书更关注的是它在逻辑（如语言逻辑、人工智能逻辑、科学逻辑等）以及因明领域中的应用，但着眼点无疑是其普遍性。

人们一般认为，形式化方法包含三个基本要素。第一，形式语言，即一种未经解释则无任何意义的人工语言，亦即人们通常称谓的人工表意符号语言。弗雷格于 1879 年在《概念文字》中所创制的一套符号即为此类语言。第二，规则，指的是为保障一个人工语言系统运行的生成、变形或推演规则。第三，演算，即合规则的形式推演或运算。

毫无疑问，形式语言是形式化方法最关键的因素，它的抽象性、精确性、无歧义性、普遍性起初反映的只是一种数学上的要求，至少在希尔伯

① 参见朱水林《形式化：现代逻辑的发展》，人民出版社 1987 年版。

特之类的数学家那里是这样。但它后来逐渐扩展到其他领域（如逻辑、语言学等），成为一种得到广泛应用的语言。

形式化方法一般被用于处理以自然语言表达的理论。从层次上看，我们一般可将形式化的对象称为对象理论，将形式化之后的理论称为生成理论或形式化的理论。一般地，为了考察形式化的意义，通常的做法是：将对象理论和形式化的理论进行对比分析，以检查形式化本身所带来的变化（所预期达到的以及预料外的），总结形式化的优越性和局限性。

二　形式化的意义及其局限

（一）形式化的一般意义

人们习惯认为，形式化方法应用的广泛程度是衡量其意义大小的基本标准。这种看法是有一定道理的，但要精确地描述“广泛程度”并不容易，因为这实际上涉及学科分类的问题。如果按照皮尔士对科学的分类法，我们将发现形式化方法主要被应用于发现型科学中，如数学、哲学（包括现象学、美学、伦理学、逻辑学、形而上学）以及特殊科学（物理科学与心理科学）。[①] 按照我们今天的理解，在皮尔士的分类学中，形式化方法真正触及的是其中的数学、逻辑学和物理科学。如果按照更现代的说法，则我们应该在上述基础上增加计算机科学、语言学、汉传因明等。当然，这并不是一种严格遵循学科分类的说法。

还有一种判定形式化意义或价值的标准，那就是以其所生结果的重要性来衡量。譬如，它与计算机对人类的重大意义正关联，它导致 20 世纪语言学研究的重大转向，等等。

实际上，形式化的意义主要还是通过它对于数学的重要性来体现的。我们可以认为这是一种简单的传递关系，即形式化于数学很重要→数学于其他学科很重要→形式化于其他学科很重要。确切地说，形式化是一种精致的高度抽象的方法，非常契合数学的品性。于此而言，形式化在数学中应用展现的是一种在高度抽象领域内的意义。与之相对，形式化在计算机、逻辑、语言学、因明等领域中的应用主要展现的则是它的实践意义。从理论和实践两个方面，我们的确可以更多地了解形式化的应用价值。不过，除因明外，深入分析形式化在这些领域中的具体应用并非本书的目

① 参见张留华《皮尔士哲学的逻辑面向》，上海人民出版社 2012 年版。

的。通过上面的简要描述获得形式化的一般意义，这于本书此处的主题而言即已足矣。

（二）局限性

人们每当提及形式化的局限性，大概都会联想到20世纪30年代陆续问世的三大定理，即哥德尔（Gödel）不完备性定理（1931年）、塔尔斯基（Tarski）的真理性概念的不可定义性定理（1933年）和丘奇－图灵（Church-Turing）的不可判定性定理（1936年）。这种联想当然是可以理解的，因为这三个定理确实反映了一个无矛盾的形式系统所存在的理论局限。然而，这些在高度抽象的形式系统中所具有的局限性与我们在一般性地使用形式化方法的可能遭遇的局限性并不完全等同。或者更直白地说，我们更关心的是在实际应用形式化时可能遭遇的局限性。

就一个对象理论而言，如何能够将其形式化是一个很自然会遇到的问题。对更多的对象理论而言，它们哪些能够实现全部形式化？哪些只能局部形式化？如何形式化？这类问题也是常常需要考虑的。在一些具体对象上应用形式化方法的这种局限性，才是我们应该关注的问题。然而，这些问题并不容易解决。就本书的主题而言，我们关心的是形式化方法应用于汉传因明方面的局限性。如果从是否提及“形式化”的角度看，则这是目前汉传因明学界未曾考虑的问题。需要注意的是，在目前因明学界是以另一种更宽泛的方式来考虑问题。譬如，有些学者早已开始反思：将汉传因明化归为逻辑是否妥当？这虽然是一个恰当性的问题，但与之紧密相关的问题也随之而来，即在何种程度上可以将汉传因明表示成逻辑？显然，这个问题与本书关心的形式化问题有一定的关联。在未进入实质性的分析之前，最好的办法是暂时搁置此类问题。

第二节　形式化视野下的变项[①]

卢卡西维茨是最早研究变项问题的学者之一，他在著作《亚里士多德的三段论》（1957年）中，曾高度评价过亚里士多德将变项引入逻辑的贡献。其观点在中国至少引发了人们对两个问题的思考，即什么是变项？

① 本节的主体内容源于笔者已发表的论文《形式化视野下的变项》（《中国社会科学院研究生院学报》2013年第6期）。

在名辩学和因明学中是否有变项？在这两个问题上，国内学者明显受到了卢卡西维茨的影响，这并不令人奇怪。然而，卢卡西维茨赖以理解变项的一个最根本的出发点（即形式化的观点）却被忽略掉了，这是令人难以理解的。鉴于此，本书拟重新分析卢卡西维茨的观点，并以此为基础就国内学界对于上述问题所做的研究给出恰当的评价，最终为名辩学和因明的形式化可能性寻找依据。

一　形式化倾向与字母变项

关于变项，卢卡西维茨认为，于数学而言，“每一个数学家都知道把变元引入算术在这门科学中开创了一个新的时代”；于逻辑而言，“把变项引入逻辑是亚里士多德的最伟大的发明之一”。[①]

尽管亚里士多德没有在他的逻辑著作的任何地方提及变项问题，但他在三段论系统中首次使用字母表示变项（后文将直接采用“字母变项”的说法）。这样一个重大事实，却曾被绝大多数哲学家和数学家忽略，在卢卡西维茨看来，这是令人惊讶的，也是不能容忍的。然而，尽管对前人的粗心和短视表达了强烈不满，但他似乎也很享受其作为这一事实最早的发现者之一的权利。至于其比较强烈的反应，皆源于变项的重要性。而亚历山大和约翰·菲洛波努斯很敏锐地觉察到了亚里士多德在其系统中引入变项的事实，也展露了其一定的认知程度，这让卢卡西维茨非常欣赏。譬如，前者曾指出“字母是普遍性的标志”[②]，所以引入字母变项的三段论推理所得结论的正确性就不再受限于具体的内容，而只取决于前提的形式和组合。后者则认为：“亚里士多德在用实例表明每一个前提如何可以换位之后，采用字母代替词项，陈述了某些换位的普遍规则”。[③] 然而，卢卡西维茨显然并未满足于此。在亚里士多德的三段论的无数研究者中，他能独具慧眼地发现字母变项，而且将其抬升至前所未有的位置，这不能说与他的形式化偏好（或思想）没有关系。他的这一偏好，既表现在其对变项的直接讨论中，也表现在对亚里士多德逻辑是形式的而非形式化的断定中，还表现在其后来对亚里士多德逻辑系统进行改造以及独创一种符号

① ［波兰］卢卡西维茨：《亚里士多德的三段论》，李真、李先焜译，商务印书馆 1991 年版，第 16 页。

② ［波兰］卢卡西维茨：《亚里士多德的三段论》，李真、李先焜译，第 16—17 页。

③ ［波兰］卢卡西维茨：《亚里士多德的三段论》，李真、李先焜译，第 17 页。

系统方面。但无论如何，这种偏好与其看重亚里士多德引入字母变项的形式化倾向是相一致的。

虽然亚里士多德引入字母变项并没能使得他所创建的三段论成为形式化的逻辑系统，他也不可能在那个时代就已洞悉引入字母变项之于逻辑的意义，但卢卡西维茨并未对此求全责备，他更关注的是亚里士多德这一做法的倾向性。

至此，我们基本上可确定两个方面。第一，卢卡西维茨试图通过他的发现告诉人们，亚里士多德将字母变项引入三段论意味着他引领逻辑向形式化之路迈出了第一步——意义重大的第一步。如果将其置于现代逻辑的视野下，我们可以阐述得更清楚些，即引入字母变项并非仅仅局部地提升了逻辑形式的普遍性，更重要的是它的形式化的指向性。就今天人们所看到的逻辑学多向度发展而言，形式化之路固然不是逻辑所能通向的唯一之路，但肯定是极重要之路。因此，卢卡西维茨予给以亚里士多德如此之高的评价并不过分。第二，卢卡西维茨所提及的变项实际上是那种被放置于形式化视野下的变项，或者干脆说是一种形式化的变项。这种变项实指字母变项。以今天的观点看，这种字母变项就是所谓的逻辑变项。

二　什么是变项

显然，卢卡西维茨的观点引起了学者们的注意，而且也引发了人们对于一系列问题的思考，譬如，中国学者们对于变项有着怎样的理解？他们是否受到卢卡西维茨的影响？如果受到了影响，那么受到了怎样的影响？等等。从现有的资料来看，部分学者的个人观点和一定程度上反映了不同时期学界共识的工具书上的词条可视为对上述问题的回应。

张家龙在其主编的《逻辑学思想史》（2004 年）中指出："亚里士多德的伟大历史功绩就是引进了'词项变元'，并建立了三段论演绎系统，从而成为康德所称呼的'形式逻辑'的创始人。"[①] 尽管此处并没有提及字母变项（或变元），但在对待亚里士多德引入变项（或变元）的功绩的评价方面，他持有与卢卡西维茨一样的观点。

宋文坚在《西方形式逻辑史》（1991 年）中分析亚里士多德在三段论中使用变项的情况时也提出类似的观点。他认为："亚里士多德在分析

① 张家龙主编：《逻辑学思想史》，湖南教育出版社 2004 年版，第 376 页。

三段论时使用了变项。使用变项是亚里士多德对逻辑科学的重要贡献。变项的使用推动了逻辑的发展。”①

然而，涉及具体细节时，他用以支撑其观点的依据是不同于卢卡西维茨的。首先，他认为亚里士多德引入字母变项是为了让三段论更简明，从而更方便于自己以及他人的分析和理解。其次，他归纳了亚里士多德在《分析前篇》和《分析后篇》中使用字母变项（或符号变项）的几种情况：第一，使用A，B，Γ，⊿等字母或符号表示直言命题中的主谓项，表露出一定的外延的观点；第二，使用字母表示事物的类，或类中的任一个体；第三，表示三段论中的词项，即大词、中词、小词。②

客观而言，宋文坚对于亚里士多德使用变项的分析以及对于变项的理解有成其一家之言的合理性。然而，需要指出的是，他对于变项的分析依然局限于亚里士多德的框架内。这种忠实于原著的精神固然可嘉，但理应在更宽阔的视野下来分析变项引入的意义的讨论并没有出现，这不得不说是件令人遗憾的事。从《西方形式逻辑史》一书的参考书目中列有卢卡西维茨的著作《亚里士多德的三段论》的事实来看，显然作者已经注意到了卢卡西维茨对变项的研究，但他在自己的相关研究中甚至没有提及卢卡西维茨，更毋论像卢氏那样去看待变项引入或使用的意义了。

除这两位学者外，还有一些学者对卢卡西维茨的观点做出了回应（见下文）。显然，他们都受到了卢卡西维茨的影响。而且，这种影响不仅出现在这些学者的个人观点中，而且还出现在中国不同时期出版的工具书中。譬如，1983年出版的《逻辑学小辞典》将“逻辑变项”解释为“在一定逻辑形式中用来表示某种具体思想的符号”③。

该词条在一定程度上代表了那个时期中国学者对于逻辑变项的理解。除了那个难以确切把握其含义的“具体思想”有点令人讨厌之外，其他的表述还是比较准确的。特别地，此处逻辑变项指的是“符号”。在逻辑形式中，这些符号具体而言就是一些字母。或者说，此处所定义的逻辑变项实际上也是字母变项。尽管难以确定该词条的撰写是否受到卢卡西维茨观点的影响，但它和卢卡西维茨的观点一致，这是可以确定的。

① 宋文坚：《西方形式逻辑史》，中国社会科学出版社1991年版，第80页。

② 参见宋文坚《西方形式逻辑史》，中国社会科学出版社1991年版。

③ 《逻辑学辞典》编委会：《逻辑学小辞典》，吉林人民出版社1983年版，第325页。

1988 年出版的《哲学大辞典 逻辑学卷》对变项的解释如下：

> 变项：亦称“变元”。表示某类特定事物里的任一个。相对于某一变项的这类事物必须是确定的，但是变项到底表示其中哪一个，则是不确定的。如果一个变项表示某类事物里的任一个，那么此类事物就是这变项的变程。
>
> 变项在人类思维中既能“作为同异的标志”，又能“表示形式结构”。①

相对于 1983 年的说法，该词条对变项解释得更详细、更准确，也更数学化。第一，不再使用“具体思想”这样含糊的说法。第二，引入“变程”这类数学术语，语言表述更加简明。第三，明确指出变项具有确定性和不确定性的双重特征。第四，分析了变项在人类思维中所起的重要作用。第五，尽管该词条并没有明确提及此处的变项就是字母变项，但在分析变项的作用时，一些具体的例子却可以证实这点。

2004 年出版的《逻辑学大辞典》中，不再专列“变项”词条，而是分述为“词项变项”和“命题变项”。但除了将“具体思想”具体化为“概念”和“命题”外，其他的阐释与 1983 年的说法并无实质性的变化。②

总而言之，上述所列的工具书中的词条解释都无一例外地在一个根本点上和卢卡西维茨保持了一致，即所提及的变项都指字母变项，这绝非偶然。因为从根本上讲，中国学者对变项的认知受到了西方学者的很大影响，更确切地说，受到了卢卡西维茨的影响。但中国学者对变项的认知并非完全等同于卢卡西维茨，他们也加进了一些自己的理解。具体而言，卢卡西维茨关注变项引入的指向性意义，中国学者则更关注变项本身的特点、性质、分类及使用情况等。

然而，以现代逻辑的观点看上述词条，不管是哪一种说法，都有亟待完善的地方。比如，对于变项，除了考虑常见的词项变项、命题变项外，还需要考虑诸如谓词逻辑中的个体变项、谓词变项等说法。除了分析变项

---

① 冯契主编：《哲学大辞典 逻辑学卷》，上海辞书出版社 1988 年版，第 302 页。

② 参见彭漪涟、马钦荣主编《逻辑学大辞典》，上海辞书出版社 2004 年版。

的静态特征外，也需要考虑其动态特征。譬如，变项在逻辑推理过程中所展现的特征（或者说所扮演的角色）。更需要强调的是，由卢卡西维茨最先提及的字母变项，始终位于形式化的视野之下。从这个意义上说，字母变项实际上就是一种承载了形式化意义的变项。总之，如何根据现代逻辑的发展给出一个更具概括性的变项解释依然是一个有待探讨的问题。

三 名辩学和因明中是否有变项

卢卡西维茨大概想象不到，他的观点在中国除了引起上述的回应外，还引发了一些学者对一个极具价值的问题的思考，即源于中国古代的名辩学以及源于印度的因明学中是否也有变项？

按照刘培育的看法，早在先秦时期，公孙龙即已开始使用变项。虽然这类变项是由自然语言担任，但以此肯定中国古代名辩学有变项是没问题的。而且还可由此进一步确定名辩学中有命题形式。具体而言，“彼”“此”是变项，“牛”“马”等非实指的名词也被用作变项。出现这种有别于西方的变项是由汉字的特点以及中国人形象思维等因素决定的。类似的情形同样出现在中国古代数学中。然而，虽然名辩学中有变项，也有命题形式，但尚不够明确和系统。[①]

对于上述观点，张忠义不仅表示赞同，而且还对其进行了扩展。他基于多年的研究认为，无论在中国古代名辩学中还是在印度的因明学中都存在变项。显然，这种从名辩学到因明学的扩展是非同凡响的，因而更引人关注。具体而言，他的观点散见于多篇已发表的论文中，最终大都汇集于专著《中国逻辑对“必然地得出”的研究》（2006 年）中。其主要观点有三个。第一，“变项的有无关系到逻辑类型的优劣问题……这是逻辑中的一个大问题”[②]。第二，“彼”“此”“是”等是中国古代逻辑中的变项，因明中的“前陈、后陈”“法、有法”“同品、异品”以及“说因宗所随，宗无因不有”中的“因”“宗”等都是变项。一句话，在中国古代逻辑和印度逻辑中都有变项。第三，上述变项皆属初级变项。[③]

第一个观点似乎受到两个方面的影响。一是卢卡西维茨的主张，即对

① 参见张家龙主编《逻辑学思想史》，湖南教育出版社 2004 年版。

② 张忠义：《中国逻辑对“必然地得出”的研究》，第 100 页。

③ 参见张忠义《中国逻辑对“必然地得出”的研究》，人民日报出版社 2006 年版。

于变项重要性的强调。二是《大英百科全书·详卷》（*The Encyclopedia Britannica*，1982 年）中关于印度逻辑的评述——无变项，故存在严重缺陷。[①]

第二个观点的重大意义是毋庸置疑的。然而，即便将其分列开来，也能各自成为一个值得专门研究的重要课题。如何恰当评价其工作？这确实是一个大挑战。限于篇幅，本书仅就其论证以及所得结论做一个概略性的评论，在此基础上，探讨其衍生新的有价值的问题的可能性。

综观张忠义的论证，他首先真正完成的是：名辩学中使用过的“彼”“此”等与字母变项具有多方面的相似性，据此可知，这些词是变项，而且是古汉语中的变项。因而，中国古代名辩学中确实存在汉语变项。如此，则“中国古代名辩学中有变项”这个命题是真的。不管怎样，我们都得承认其得出上述结论是有理有据的。然而，上述最终的结论和作者真正想论证的“中国古代名辩学中有逻辑变项”的命题并不等同，这恐怕是作者未曾料到的，当然也可能是其不大乐意承认的。要完全说服作者承认其论证所得结论并非“中国古代名辩学中有逻辑变项”，这绝非易事。首先所涉及的逻辑变项概念，就不那么容易解释清楚。

即便如此，还是要指出：断言中国古代名辩学中的“彼”“此”等是变项，这实际上是一种语言学的说法，这种变项实质上是一种基于汉语的语法变项[②]，而不是逻辑变项。当然，此处所说的逻辑变项是一种狭义上的概念。正如将逻辑狭义地解读为只研究推理的有效性一样，逻辑变项也被狭义地认为只用于推理过程中，在该过程中它能比自然语言更精确地揭示推理规律，也能更精确地表达推理的规则。这种能精确刻画推理的逻辑变项不会是那种自然语言中的语法变项（如汉语语法变项），那又会是什么呢？卢卡西维茨为我们提供了一种现成的选择，那就是亚里士多德最先引入逻辑中的字母变项。从形式化的角度看，逻辑变项指字母变项，或者更准确地说是“符号变项”[③]。

这种观点当然也是可以质疑的。然而，不可否认的是，卢卡西维茨提及的符号变项已经成为一种普遍意义上的逻辑变项。以此看来，中国古代

---

① 参见张忠义《中国逻辑对“必然地得出”的研究》，人民日报出版社 2006 年版。

② “语法变项”之说得益于杜国平。

③ “符号变项”之说得益于杜国平。

名辩学中没有逻辑变项。

那么，源于印度的因明学中是否有变项呢？这个问题对研究者提出了极高的要求。若要在文本意义上解答它，则要求研究者对梵文、因明、西方逻辑都精通。以此而论，作者引用巫白慧（精通梵文）的观点是非常明智的。① 然而，作者并没有意识到巫先生所谈论的变项其实是汉语变项而非字母变项，所涉及的只是汉语语境而非梵语语境。因此，准确地说，作者引经据典所得到的结论的是"汉传因明中有汉语变项"，而非"印度因明中有梵语变项"，更非"印度（或汉传）因明中有逻辑变项"。那么，印度（或汉传）因明中是否有逻辑变项呢？依据上述所陈述的形式化观点，因明中所使用的变项不是字母变项，因而不是逻辑变项。

最后一个观点（即上文所说的第三个观点）的提出，意在承认自然语言变项无法和字母变项相提并论。当我们将其置于形式化的视野下和字母变项进行对比时，自然语言变项普遍性、精确性程度不够高的局限性就凸显出来。这也许就是作者将其定位为初级变项的原因。

综上所述，似可断言：在中国古代名辩学以及印度因明学中存在变项，但不是那种源于西方的字母变项，也不是形式化意义下的逻辑变项，而只是一种自然语言变项（或语法变项）。与字母变项相比，其局限性非常明显，故有上述"初级变项"一说。

四　基本结论

逻辑变项的说法源于西方，形式化地应用和讨论它们，也始于西方。围绕逻辑变项的相关研究，东方学者无疑受到了来自西方的深刻影响。

卢卡西维茨对变项的研究和强调已经影响了中国学者，这是确定无疑的了。其影响所导致的结果至少有两个方面。一方面，不仅其关于变项的基本观点被中国学者沿用，而且其形式化的观念也被相当多的中国学者接受。因而，变项在逻辑系统中的技术性应用一直受到高度关注。另一方面，他的观点也激发了中国学者以变项为基点进行更多拓展性研究的积极性。尽管在这方面的研究进展依然有限，但已经为后续的研究奠定了基础。

具体而言，由卢卡西维茨的发现，我们可以更确切地认识到，被亚里士多德引入逻辑系统（三段论系统）的变项实际上指的是字母符号，这种

① 参见巫白慧《印度哲学》，东方出版社 2000 年版。

符号不是那种广义符号学（如欧洲符号学）意义上的符号[①]，而是一种更接近弗雷格风格的狭义符号。这种符号源于西方，而不是别的地方（比如中国和印度）。它们的使用是西方逻辑走向形式化的重要因素。如果仅由卢卡西维茨的观点出发，则逻辑变项实指字母变项。在此意义上说，中国古代名辩学以及印度因明学因为没有字母变项，因而也就没有逻辑变项。

尽管这种仅仅出于形式化考虑得出的结论否定了名辩学以及因明中存在逻辑变项的说法，但并不能否定自然语言变项的存在，也不能否定东方逻辑传统（中国的名辩学和印度的因明学）的存在，同样不能否定这两大逻辑传统的独特优势。而且，中国学者（如刘培育、张忠义等）将始于卢卡西维茨的关于变项的研究转向于名辩学以及因明时，不管其工作成效如何，除了引发上述重点讨论的问题外，还引发了另外一些极有价值的问题。譬如，将名辩学、汉传因明中的汉语变项用字母代替，这是否就意味着实现了变项的形式化？再进一步，如何将名辩学和汉传因明形式化？现有的形式化模式是否可移植到名辩学和汉传因明上？形式化的名辩学和汉传因明将带来哪些有价值的新东西？等等。显然，这都是一些很值得探讨的问题。

第三节　汉传因明的形式化历程

本书以有无明确的意识来划分自觉的与非自觉的形式化研究。具体而言，自觉的研究意味着研究者不仅有一定的形式化技术，而且对形式化方法的理论背景也有一定的了解，尤其是研究者明确自己所做工作是居于形式化的名义之下的。不具备上述特点的研究都称为非自觉的研究。在启蒙时期与逻辑转向时期的汉传因明研究[②]，所应用的主要是传统逻辑的技术，涉及三段论与换质位的直言推理。根据上述的划分标准，这两个时期的汉传因明的形式化研究属于非自觉的传统研究。在全面发展时期，中国学者对汉传因明的形式化研究逐渐从非自觉向自觉转换。巫寿康的数理逻辑研究介于这两者的转换之间，而庄朝晖的溯因推理研究则基本上是一种

① 参见蔡曙山《语言、逻辑与认知》，清华大学出版社 2007 年版。

② 此处“启蒙时期”“逻辑转向时期”以及后文的“全面发展时期”的划分沿用了第二章的标准。

自觉的形式化研究。

一 非自觉的传统研究

（一）传统逻辑层面的形式化

就国内学者而言，自章太炎起就有将三支论式与三段论做比较的做法。然而，与形式化稍有关联的著作可能还是陈大齐的《因明大疏蠡测》，因此从该部著作谈起是比较合适的。当陈大齐谈论三段论的格与式（如 AAA、AAI 等）时[①]，他实际借用了传统三段论的表达方式。按照卢卡西维茨的看法，在亚里士多德体系中出现的符号变项正是形式化的开端[②]。无疑，传统三段论体系具有更多形式化的因素。因此，即便陈大齐只是极简略地谈及它们，我们也可以认为他曾“形式化地”探讨过因明论式。当陈大齐很熟练地运用换质位法进行直言推理时，他本来很有条件将这些推理形式化，但正如第二章指出的，他只是以一种很烦琐的自然语言文字而非表意符号来描述那些换质位推理。不管是何具体原因，我们只能说陈大齐的前期研究只是在词项逻辑而未能在命题逻辑的层面上触及形式化方法，而且基本上停留在非形式化的阶段。在其后期的著作中，这种情形稍有改变，但也基本限于对西方逻辑的讨论，譬如三段论、直言推理等。[③] 或许他确实对汉传因明的符号化描述不感兴趣，或许更侧重于因明的实用性，总之，我们实际上还是难以看到他对汉传因明的符号化描述。

实际上，自清末民初至 20 世纪 60 年代，我们都很难看到汉传因明的符号化描述。因此，形式化的研究在启蒙以及逻辑转向时期，基本上与中国大陆学者无缘（台湾和香港学者除外）。20 世纪八九十年代，汉传因明研究的著作中才开始比较频繁地出现符号化的三支论式以及直言推理。石村在《因明述要》中将直言命题表达的同异喻体之间的互推关系进行符号刻画，他似乎是 80 年代最早触及形式化方法的学者。[④] 在沈剑英的论文《论因明之喻》中，我们不仅能看到类似于石村的表达方式，而且还

---

① 参见陈大齐《因明大疏蠡测》，中华书局 2006 年版。

② 参见［波兰］卢卡西维茨《亚里士多德的三段论》，李真、李先焜译，商务印书馆 1991 年版。

③ 参见陈大齐《实用理则学》，台北：远东图书公司 1977 年版。

④ 参见石村《因明述要》，中华书局 2006 年版。据“出版说明”，该著作“曾于 1981 年由中华书局出版，是‘文革’后出版的第一本介绍因明基础知识的著作，对 80 年代因明研究的再兴产生了不小的影响”。

看到一种以假言命题表达的同异喻体互推关系的符号刻画[1]；尤其在他的另一篇论文《论假言命题的特殊表述形式》中，以“→”表示前后件的条件关系而非“实质蕴涵”固然引人注目，但出现了更多命题逻辑的符号表达，就此处的主题而言，无疑更值得关注[2]。另外，在《因明学研究》一书中，也有将三支论式符号化为三段论式的举例。[3] 这些情形表明，沈剑英已经开始有意识地运用符号对因明进行刻画。不过，他的因明研究更倚重的是自然语言而非形式语言。从形式化的角度看，20 世纪八九十年代的因明研究专著中，形式化程度最高的还是巫寿康的《〈因明正理门论〉研究》[4]。

对于那一时期的学者来说，他们在词项或命题层面上将因明进行符号刻画方面的成就是超越前贤的。我们并没有把握确定他们是否清楚这些工作的意义，但可以确定他们并未深究形式化于逻辑乃至因明的意义。他们也经常谈论归纳、演绎、形式逻辑、传统逻辑、三段论、数理逻辑之类的术语，但未曾关注过形式化方法背后的理论，甚至有可能并不熟悉“形式化”“形式主义”之类的术语。尤其值得注意的是，当国内学者在三段论与三支论式对比的基础上，借用了三段论的符号来描述或刻画三支论式时，像很多的西方学者一样，他们并不清楚亚里士多德三段论与传统的三段论之间的区别，因此，他们往往不加区分地使用不同时期的三段论，有时甚至将传统三段论误认为是亚里士多德的三段论。而且，即使到了今天，在汉传因明学界也未见有人指明这点。而在西方学界，沙耶尔（Schayer）于 1932—1933 年即已做过清楚的阐述，这固然是受益于其老师卢卡西维茨的发现，但将之应用于评价印度逻辑的研究上，他似乎是第一人。令人惊奇的是，汉传因明学界既未注意到沙耶尔的著作，也未注意到卢卡西维茨著作的汉译本《亚里士多德三段论》（见上一节的介绍）。很难想象基于这种认识的学者会对符号化表达有何深刻的理解，更不用说形式化的意义了。从这个角度说，尽管中国大陆学者实际接触了形式化方法，但由于缺乏足够的理论意识，因而所做的研究还基本停留在非自觉阶

① 参见沈剑英《论因明之喻》，《哲学研究》1984 年第 4 期。

② 参见沈剑英《论假言命题的特殊表述形式》，《社会科学战线》1984 年第 2 期。

③ 参见沈剑英《因明学研究》，中国大百科全书出版社 1985 年版。

④ 该著作成稿于 1987 年，出版于 1994 年。见《〈因明正理门论〉研究》（生活·读书·新知三联书店 1994 年版）之“出版说明”。

段。自然，这很大程度上制约了中国大陆学者的形式化研究方面的成就。

相对而言，中国港台的学者对西方以及日本学者的现代研究更为熟悉，因而也更早地接触国外学者对因明的形式化研究成果。从霍韬晦、李润生等人的研究看，他们都较早地使用了形式化的研究手段。自20世纪六七十年代起，霍韬晦就已经从纯演绎的角度研究汉传因明。从《佛家逻辑研究》中所收集的不同时期的文章看，使用符号来刻画他所谓的因明论式的归证过程实际上就是一种对形式化方法的使用，当他将这种刻画扩展至三支论式背后的九句因、因三相等方面时，无疑拓宽了形式化之路。李润生也有意识地将符号化的方法应用到汉传因明的研究中，譬如其对于相违决定因的研究，就部分地使用了符号化的方法。尽管我们不能将符号化等同于形式化，但他们在研究中的确使用了形式化方法。显然，将汉传因明符号化的研究方面，他们是早于大陆学者的。不过，我们依然难以见到他们对形式化本身的自觉描述。从这个角度看，他们对汉传因明的形式化研究也还处于一种非自觉的状态。

（二）数理逻辑层面的形式化

1. 评价所导致的问题

《〈因明正理门论〉研究》自1994年公开发行以来，国内因明学界对其做出评价的学者寥寥无几。这表明，巫寿康的研究成果并未得到因明学界真正的理解和重视，更毋论以其为基础的更深入的后续研究了。[①] 毋庸讳言，这种情形固然与该著作涉及大量的逻辑符号而令人望而生畏有关，但与国内学界对待这类研究所持的观念有更为密切的关系。从目前所能见到的为数不多的评价来看，基本上未能真正触及其要旨，即汉传因明形式化研究的问题。郑伟宏自1988年至今频繁地评论过巫寿康的研究[②]，这本应引起人们对后者所做工作更多的注意，从而推进这方面的研究，但最终的结果却并非如此。客观地说，郑伟宏的批评引发了后来围绕除宗有法问题的持续研究和讨论，这无疑促进了汉学界对陈那新因明的研究，深化了人们对因明论式及其背后的理论（如因三相、九句因等）本性的认识。

① 庄朝晖在其论文《因明论——一个基于事实的诱导推理系统》（《逻辑与认知》2003年第2期）中指出，“巫寿康用罗素、怀特海 *Principia Mathematica* 一书中的一阶逻辑系统对因明论进行了尝试的描述”。即使该论文受到巫寿康的启发，那也是个案。

② 据郑伟宏自己的介绍，1988年的《论因明的同、异品》即针对巫寿康的观点所作。见《再论同、异品除宗有法》（2012年）之注释⑥。

问题是，他的持续批评也在相当程度上遮蔽了巫寿康所做工作的意义，尤其是形式化研究的意义。基于此，我们有必要重新认真地审视巫寿康的研究，并在此基础上客观评价其所做工作在形式化研究方面的意义。

2. 巫寿康所做的形式化研究

如第二章指出的，巫寿康曾明确表示过要以罗素的数理逻辑来研究《因明正理门论》。在罗素时代，形式化就相当于数理逻辑的代名词。从这个角度看，巫寿康对因明的研究属于形式化的研究。不过，按照本节开篇划定的标准，他的研究还算不上自觉的形式化研究。我们至多可以认为，相对于其他大多数学者，他的研究更接近自觉的层面。

如果仅以使用符号的多少来衡量，《〈因明正理门论〉研究》在今天所能见到的汉传因明著作中无疑是排在前列的。但这只是一种很表面的现象，我们更关心的是巫寿康利用形式化方法针对汉传因明所做的具体工作。

（1）三支论式的形式化

（宗）声是无常：$S \subset P \cdot S \neq \Lambda$

（因）声是勤勇无间所发：$S \subset M \cdot S \neq \Lambda$

（同喻体）勤勇无间所发皆见无常：$M \subset P \cdot M \neq \Lambda$

（同喻依）瓶：$K \subset -S \cap M \cap P$

（异喻体）诸有常住见非勤勇无间所发：$-P \subset -M \cdot M \neq \Lambda$

（异喻依）虚空

那么，我们该如何评价上述符号处理呢？首先，只要将右侧的符号和左边的自然语言表述对照，将不难理解上述符号化的三支论式。但也有例外，譬如$S \neq \Lambda$、$M \neq \Lambda$的出现是特异的，因为它在左侧没有对应物。巫寿康给出的解释是，它用以表达主项非空的逻辑要求。再如，$-S$ 的出现也是特异的，因为它在左侧也没有对应物。然而，我们真正关注它并非因其表面的特异，而是因为它反映的是同喻依除宗有法的思想。考虑到同喻依的来源于同品的除宗有法，而这涉及巫寿康对陈那体系中同异品概念的定义问题的思考，因而该符号的出现就显得异乎寻常了。从巫寿康同品除宗的主张来看，这个符号表达式是准确的，也是恰当的。无疑，上述符号表达中的这些特异之处恰恰是值得特别肯定的创新之处。其次，巫寿康基本遵照了罗素的数理逻辑的处理方式。如果我们承认罗素的符号体系比传统逻辑更先进，那么也得承认巫寿康的处理方式较之之前的传统处理是一种进步。另外，巫寿康认为不存在的东西无须显示，因而未对异喻依进行符号处理（实际上是能处理的）。这也符合陈那时代因明论师对于异喻依的基本态度，即无异喻依可举亦可。

从上面的分析看，在深入研究因明义理的基础上，巫寿康才着手对三支论式进行符号化处理。除非在起始阶段就不赞成他所做的符号转换，否则我们应当承认他的处理是比较成功的。

（2）因三相的形式化

（因的第一相）“遍是宗法性”：$S \subset M \cdot S \neq \Lambda$

（因的第二相）“同品定有性”：$-S \cap Q \cap M \neq \Lambda$

（因的第三相）“异品遍无性”：$R \subset -M \cdot M \neq \Lambda$

上述的三支论式中除“无常”“常”“勤勇无间所发”之外，还有表示具体对象的声、瓶。而在因三相中涉及的全部是普遍词项，既有未表述的因法，也有表述的同品和异品。这种自然语言表述上的差异是否能在符号表达式中得以显现呢？答案是否定的。很明显，因的第一相与论式中因支的符号表达式是一样的。应该注意的是，这种处理方式并非自巫寿康开始，实际上在他之前的霍韬晦以及他之后的很多学者都采取了同样的办法。从形式化本身看，这并不令人奇怪，但从处理的对象来看，则有点异常。特别是当人们针对“声无常”宗进行分析时，总是习惯性地将“无常”“无常品”“同品”当成一组术语，“常”“常品”“异品”则为另一组。这在自然语言中很容易区分，但形式处理时常被同一了。显然，这的确是值得关注的现象。

还有一点需要指出的，那就是在因的后二相的符号表达式中，巫寿康采用了他的同异品新定义。尽管其主张还存在争议，但他的处理是成功的。

（3）九句因的形式化

仅以第一句因为例，“同品有、异品有”被形式化为 $S \subset M \cdot S \neq \Lambda \cdot Q \subset M \cdot Q \neq \Lambda \cdot R \subset M \cdot R \neq \Lambda$。该表达式中 $Q \subset M \cdot Q \neq \Lambda \cdot R \subset M \cdot R \neq \Lambda$ 才真正和第一句因的文字表述直接相关，而 $S \subset M \cdot S \neq \Lambda$ 的出现显然异常，从形式化的角度看，这是需要解释的。而且，其余的八句因中都有这个

“冗余”，显然它的出现绝非偶然。巫寿康给出的解释是，这是九句因避免“有法不成”之过的前提条件之一，它应该表述成“因必须是宗有法之法”[①]。$S \subset P \cdot S \neq \Lambda$明显是表示因第一相的表达式，却被以附加说明的方式当作九句因的前提条件之一，这种做法是怪异的。虽然该做法可以理解为只是在为后面的证明做准备，但在九句因的符号表达式中附加因的第一相的做法并未得到令人信服的解释，这是可以肯定的。它是否还意味着别的什么呢？这个问题或许在接下来的讨论中可以得到一定程度的解答。

另外，巫寿康主张的同品除宗为何在九句因的符号表达式中未得到展现呢？这是否说明这种逻辑处理无须考虑因明的论辩品性？这是值得深思的。再联系郑伟宏之前的一些观点，或许我们可以得到新的启示。郑伟宏是否针对这种具体的符号表达提出过批评，这点并不重要。重要的是他的一个观点，即讨论陈那的因明论式应该联系论辩实践，而非限于书斋里做逻辑的评论。[②] 巫寿康对因明论式以及因三相、九句因等的处理显然更多地从数理逻辑（或形式化）的角度来着手，他并没有考虑陈那因明论式的论辩实践性。如果郑伟宏的批评是针对这点，那他是有道理的。然而，当陈大齐对因明中的问题区分为合因明之理以及合逻辑之理时，他的做法是高明的。实际上，合因明之理不合逻辑之理或者相反的情形都出现过，这是非常正常的。以此而论，郑伟宏以同异品除宗合乎论辩实践来拒斥逻辑方面的质疑与巫寿康只从逻辑着手却不做因明方面的解释一样，都是单向性的，因而也是失衡的。尤其是在因明之理和逻辑之理冲突时，易出现各执一端的做法。这或许是现在国内因明学界在除宗有法问题上争论不休的问题所在。

（4）第二、八句因的析取与因三相等值的形式证明

从罗素的数理逻辑系统出发，可以证明九句因中的第二、八句因的析取与因三相等值。不论其证明有无问题，仅就这个证明本身而言，这的确如巫寿康认为的那样是前人未做过的。而且，如果该证明没问题，则其意义也的确如巫寿康认为的那样，“深刻揭示‘九句因说’和‘因三相说’的联系和一致性”[③]。然而，这个证明的前提首先是有问题的。原因还在

① 巫寿康：《〈因明正理门论〉研究》，第93页。

② 参见郑伟宏《再论同、异品除宗有法》，《西南民族大学学报》（人文社会科学版）2012年第11期。

③ 巫寿康：《〈因明正理门论〉研究》，第137—138页。

于上文的问题，即因的第一相附加到因的第二、八句因的符号表达式上，这点未得到足够有说服力的解释。如果认同该附加，那就意味着他是从含有因的第一相的第二、八句因去证明含有因的第一相的因三相，或者相反。这说明他真正证明的是未带附加的第二、八句因的析取等值于因后二相。从这个角度上说，该证明与巫寿康的表述不完全相符。然而，尽管有这种曲折，我们还是应该承认他的证明取得了一定的成功。

实际上，除了上述几个方面外，巫寿康采用形式化的方法做了很多的工作。即使结论不一定如其认为的那样正确，他的工作还是有很大的价值的。

如上文所述，巫寿康并没有提及“形式化”，却实际做着这方面的工作。这使得他的研究不得不被纳入非自觉的形式化研究之列。那么，他为何要这样做呢？就逻辑而言，形式化再重要也只是一种方法或手段。因此，这相当于在问他为何要在因明研究中使用这种手段。从《〈因明正理门论〉研究》中的实际内容以及其最后的总结性陈述看，我们不难找到其最根本的原因是：寻找陈那学说中的数理逻辑因子，揭示陈那体系的逻辑本质。巫寿康最后总结说：“陈那学说虽然大有归纳成分，但基本上是演绎逻辑。”① 再进一步则以便纳入罗素的体系下进行证明和阐释，至于其他方面的讨论，则不在他所考虑的范围之列。当我们发现《〈因明正理门论〉研究》的参考书目中只有罗素、怀特海的《数学原理》而没有罗素的《数理哲学导论》时，更是说明了这一点。然而，即便他这样做了，他还是摆脱不了罗素。或许应该这样来表述，罗素的局限也就是巫寿康的局限，但反过来却不一定成立。

二　自觉的现代研究

从西方学界看，自 20 世纪 80 年代始，R. 兰斯·法克特（R. Lance Factor）在《什么是佛教逻辑中的“逻辑”》（“What is the ‘logic’ in Buddhist logic?”）一文中明确指出，三支正理最好是理解成溯因推理，佛教的《入正理论》就是关于解释性假设的重要文本。② 这大概是西方最早将

① 巫寿康：《〈因明正理门论〉研究》，第 137 页。

② R. Lance Factor, “What is the ‘logic’ in Buddhist logic?” *Philosophy East and West*, Vol. 33, 1983, pp. 183 - 188. 下文介绍法克特的研究时，为方便起见，不再注明具体页码。

溯因推理与佛教逻辑进行直接对比研究的文章。20 世纪 90 年代末，约翰逊（Johnson）、布莱尔（Blair）指出，非形式逻辑学家已经和形式对话理论家、人工智能专家展开合作研究。[①] 这预示着一个更为宏大的未来场面，即形式逻辑、非形式逻辑与汉传因明交融的场面。然而，我们将法克特的研究也归入这一部分，并非因为他在因明或佛教逻辑方面做过形式化的研究，而是因为他带来了佛教逻辑和溯因推理之间可以相通的新观念和新证据。尤其是当其观点涉及佛教的《入正理论》时，我们更应该引起重视。

从中国学界看，大约自 20 世纪 80 年代始，皮尔士的溯因推理思想被介绍到中国[②]，但直到 21 世纪庄朝晖才开始结合溯因推理对汉传因明展开形式化研究。需要指出的是，尽管中国学者开始研究溯因推理的时间晚于西方学者，但结合它对汉传因明的研究从一开始就从形式化的角度切入，这个起点比西方学者更高。

接下来我们将以法克特与庄朝晖的研究为主要对象，探讨溯因推理给汉传因明研究带来的启示，尤其是形式化方法带来的促动。

（一）佛教逻辑与溯因推理：法克特的研究

1. “逻辑”之争

印度逻辑通常可分为旧正理、佛教逻辑以及新正理三个阶段。佛教逻辑文本《入正理论》（介绍逻辑方法）对于印度和中国佛教以及耆那教都产生过巨大影响。作为一本重要著作，《入正理论》受到宗教历史学家、语言学家、哲学家以及逻辑学家的批判性关注。正如所有学术上的进步都存在着有争议的解释，但在佛教逻辑情形中，争议收缩到问题的核心，即佛教逻辑是否是任何可识别的当代意义上的“逻辑”。这种已被接受的观点认为，佛家逻辑与三段论形式非常相似，从而可用标准的演绎技术来表示和分析。道格拉斯·达耶（Douglas Daye）在一系列的文章中提出了一种相当不同的反对观点，他主张“早期正理文本的数理逻辑的描述功能简直是高估了”；尽管正理文本包含评价论证“合法或不合法”的元逻辑规则，但并不适用于对有效性和无效性的区别；正理模式不是推理而是

---

① 参见 Johnson, Blair, “Informal Logic in the twentieth century”, in Douglas Wolton and Alan-Brinton, eds., *Historical Foundations of Informal Logic*, Ashgate Publishing Ltd, 1997。

② 参见邱国权《皮尔士的逻辑》，载江天骥主编《西方逻辑史研究》，人民出版社 1984 年版。

“形式主义的解释”；“佛教逻辑不是演绎的，也不会是形式有效的，也不是一种推理”。

这些说法的累积效应断定佛教逻辑根本就不是一种“逻辑”，至少不是西方哲学家认可的那种意义上的逻辑。在正理的逻辑方法与前分析篇或数学原理之间存在着根本上的不相容性。当然，两种传统之间存在着差异，可能还是巨大的差异，正如公元前4世纪的希腊和公元6世纪的印度之间是如此不同，但我们能由此断言正理不含推理吗？显然，这个不相容性论题是一种错误，而且它是一种能通过检查典型的正理推理模式而轻易被揭示的错误。若正理模式可能是一种不是推理的“形式主义解释”，则难以理解任何一种用作解释的事物如何能够不牵涉某种或其他的推理。现在重要的是要确定正理模式是否是演绎的，若是，则其所有部分是否都得是演绎。在这一方面，至少有两种解读正理形式的方式：一种是直截了当的演绎，另一种称为溯因推理（retroduction）①。由美国的实用主义者C. S. 皮尔士（Peirce）以及后来的诺伍德·汉森（Norwood Hanson）做出了最好的理解。

2. 五支论式中的溯因模式

首先，考虑这种来自正理的代表性例子：

(1) 宗（论题）：声是无常
(2) 因：所作性故
(3) 喻：凡是所作皆为无常
(4) 同品：如罐等
(5) 异品：如空等

立川提出如下的称作三元的印度三段论方案：

(6) L在L处有属性p

① “Retroduction”是皮尔士的早期用语，后来基本上被弃用。它可被译为“逆推法”“溯源”“回溯（推理）”等。“Abduction”是皮尔士后期经常使用的另一种原语，关于它的汉译并不统一，但似乎以“溯因（推理）”更为合适，国内不少学者（如庄朝晖等）采用该译名。本书为了术语上的统一，也因为两者所指称的内容基本相同，故将前者也译为“溯因（推理）”。后文不再赘述。

(7)(因为)(在 L) 有属性 q

(8) 有属性 q 处就有属性 p, 如于 w 处

显然, 如果倒转这个模式, 则 (8) 和 (7) 就成为 (6) 这个结论的有效推理的前提。我们这个实例的倒转就是一个假言推理肯定前件的例子。

(9) 喻: 凡是所作皆为无常

(10) 因: 声是所作

(11) 宗: 声是无常

为什么这是一个关于肯定前件式的有争议的例子? 不相容主义者指出, 论题 (宗) 和正当理由 (因) 之间的关系在梵语中总是被表示成夺格的 (ablative) 例子, 而且这种关系不能表示成或翻译成英语中的 "所以"。不相容主义者反对将正理模式界定为演绎推理, 其主要理由正如一般的语言哲学家拒斥将 q 因为 p 翻译或表示为 $p \supset q$, 是由于 "因为" 在真值函项条件下失去了其因果关系或解释意义。

这个反对是有力的, 但必须区分断言真值函项联结词保持或抓住 "q 因为 p" 的含义与主张真值函项联结词能够表现正理模式内命题间的一种演绎关系。正是后一种观点得到赞成, 而前一种观点受到不相容主义者坚决反对。这个问题不是相关的, 因为人们肯定能主张它在正理模式的倒转中有一种演绎推理, 而不需主张它抓住原语的含义甚或接近其原义。总之, 被接受的观点以及非相容主义的支点在于前者更愿意倒转正理的形式并将之解读为有效的演绎, 而后者则主张形式不能如此倒转而不失去和因的这种特殊关系。假定两种观点都有优点, 并且假设两种态度并非彼此明显矛盾, 那么有一种理解正理模式的方式: 允许双方所谓分享蛋糕。三支正理最好被理解成一种溯因推理, 因为二者之间的确存在很天然的相似。正如 C. S. 皮尔士和诺伍德·汉森所描绘的那样, 溯因推理是一种由某些现象或感觉导致关于该现象的解释性假设的推理模式。它的形式既不是真值函项的, 也不是那种前提完全由规则支配的关系。

3. 三支论式与溯因推理式

溯因推理有一种可识别的形式, 而且它真的非常接近三支的印度逻辑三段论。它与正理模式是可以同构的 (宗、因、喻的模式)。同品和异品

作为支持这种解释性断定的进一步的证据。按照皮尔士的观点，它的形式是：

(12)	观察到意外事件Q	(12′)	q
(13)	但若P为真，则Q是无疑的因为p	(13′)	q
(14)	因此，有理由怀疑P为真	(14′)	p

科学哲学家诺伍德·汉森认为溯因推理是一种能导致“演绎—法则”解释的“发现逻辑”。如同皮尔士一样，汉森指出溯因推理的倒转就是一种演绎推理，即“q，q因为p”变成“p，如果p，那么q，所以q”。这种关于倒转或使一种溯因推理反向的概念不是一种技术或形式逻辑规则，而是一种相当简单的改变前提次序的心理描述。

如果三支三段论是一种溯因推理，而且一个溯因推理是“溯因—演绎”序对的一部分，那么人们应该期待找到演绎片段出现或缺失的内部证据。回到正理及其对这个三元三段论的评述，那么存在将它当作溯因推理和演绎的内部证据吗？语言学解释至关重要的一点是这个夺格“因为”(because)的功能以及“因”(hetu)自身的含义。标准观点的弱点在于，它忽视了“因为”夺格的特征，好像包含条件句一样翻译三元的三段论。与这种过于草率的举动相反，我们必须将这种夺格的“因为”当作连接因喻和论题的一种算子。由于梵语的夺格表示一种物理关系或概念的去除、分离、区分或起源，因此它被用来表达因果解释的概念。这个事实给出了在“关于……原因”的意义上解释它的初步证据。这样一种理解由“因”(hetu)的意义所强化，“因”是三元三段论的解释部分的名称。按照立川的观点，“hetu”主要指“原因”。这是将“q因为p”做如下解读的坚实基础：“p是q的原因”，甚或皮尔士的“如果p为真，则q是无疑的”。按照立川的意见，“hetu”主要表示“原因”。这是将“q因为p”做如下解释的坚实基础：“p是q的理由”，“p是q的解释性假设”，或者皮尔士的“若p为真，则q理所当然”。

越过这些翻译点，将《入正理论》中的三支论式看作一种“回溯—演绎”的最强理由是早期的正理传统尤其是《正理花束》(Nyāya Sūtra)中五支论式的存在。《正理花束》中的这种五支论式在其前三个回溯步骤与后两个归纳步骤之间是非常对称的。

(15) 论题 (宗 pratijñā): 例如, 此山有火

(16) 因: 此山冒烟

(17) 例证 (喻): 有烟处有火, (例如) 就像厨房的炉底

(18) 理由的复合 (合 upanaya): 此山冒烟

(19) 结论 (结 nigamana): 此山有火

如果有人要将这种模式描绘为等腰三角形，一方呈现的是由（15）宗通过因（16）向喻（17）的一种回溯，另一方则呈现出由（17）喻开始向（18）合推出结论的一种演绎。

法国印度学家赫雷格朗（Rene Guenon）指出，正理经出现后，关于五元的三段论法有两种节略形式，或者是前三支或者是后三支单独出现。他还指出后一种节略形式非常类似亚里士多德的三段论；当然，前一种节略形式正好是在公元 6 世纪《入正理论》中发现的那种，而且同样那个烟火例子也出现了。显然，这两种节略形式中的第一种抓住了溯因步骤，第二种抓住的是演绎步骤。演绎和溯因彼此之间是互逆的，他们能通过定位属性位置（宗或宗有法）的陈述而分离开来。一种节略形式沿论题陈述向一种解释性归纳进行推理，另一种节略形式由归纳向论题进行演绎。佛教逻辑学家十分看重他们所喜欢的那种。正理派则十分明确地说，“我们认为由三个而不是更多的陈述组成了三段法”。立川对这个陈述的注解表明这是一种断定，即对于一个推理来说，只有三个陈述是必要的。

我们可以下结论说，佛教逻辑学家主要意指的“推理”是“一种对解释性因果关系的假设推理”；然而，进一步下结论说他们没有那种关于演绎的节略形式的理解则是错误的。对于他们来说，逻辑是一种能让别人认知特殊陈述的手段；它是一种 upāya，一种启发式的传授设置。五元三段论的溯因推理节略形式显然在它让听众知道一种因果或概念关系的意义上传授。演绎的节略形式并非在此意义上“传授”，因为像所有的演绎一样，它的结论不包含信息，也不是在前提中被发现的。因此，从一种方便 upāya 的标准看，溯因推理是足够的。

支持将正理推理模式解读为一种溯因推理的更进一步的证据是由它关于逻辑方法论的文本的其他部分提供的。特别是那些关于谬误种类的详细章节，更富于智慧和启发。文本的三分之二以上涵盖了关于谬误的界定和分类，但与诸如断定后件或否定前件之类关于演绎形式的谬误没有任何相

似之处，其体系也不同于关于非形式谬误的西方观念。在佛教逻辑中，谬误的分类并不试图去限制那种前提可能不相关的方法；相反，它为那种解释性假设的优点或弱点提供分级的标准。这正是回溯推理的精确性所需要的东西。弱的假设出现在三种情形中：（1）因不被立者或敌者所认知，（2）因是不定的，或者（3）它是相违的。不定因指那些未获得来自（同品和异品）相似和非相似实例进一步的证据支持的因；相违因是指那些可证敌宗（相违宗）的因。不定因是那些未得到同品和异品进一步证据支持的因，相违因则是那些证明相违宗的因。这样一种相违是由推出敌宗的断定而形成的。一种因可能不被认识，即它作为一种传教设置可能是失败的，因为不能让听众（或演讲者）明白断定性陈述与正因之间的关联。因此，当假设不被理解时，它们就产生认知的谬误，但当它们缺乏证据的支持时，它们就产生相违过或不定过。总之，过的分类反映了评价假设的一种复杂但也是共许的常识的手段。它被公开组织是因为溯因推理必须如此，而且更重要的是，它并不打算（像西方谬误论那样）将谬误推理归为一种演绎论证谬误。

显然，当哲学家和心理学家继续探讨假设结构的概念和事实层面时，佛教逻辑的研究在重要性上将得以增强，因为不像别的逻辑文本，对于一种解释性假设来说，《入正理论》是历史上关于推理和非推理方式的重要文本。

（二）汉传因明形式化与溯因推理研究

当庄朝晖明确提出“用形式化的方式，用 Poole 在文献［1］中使用的逻辑框架来定义和研究因明论”时[①]，我们将其视为国内第一个明确提出因明的形式化研究说法的学者。尽管其实际所做的工作相比于巫寿康来说要少得多，但还是将其列入自觉研究之类。

从严格的意义上来说，《因明论——一个基于事实的诱导推理系统》（2003 年）中并没有展示出如作者所言的形式化研究，至多算是一种前期准备。而且，就其表述的内容看，仍有许多值得完善之处。不过，其中所透露的信息却也有一定的积极意义。譬如，仿照巫寿康借助罗素系统的方式，庄朝晖借用了 Poole 系统以及汉密尔顿（Hamilton）《数学家的逻辑》中的一阶语言和一阶系统来构造一个吸纳若干因明义理的解释系统。

在《一种基于同例和异例的溯因推理》（2006 年）中，庄朝晖所做

① 庄朝晖：《因明论——一个基于事实的诱导推理系统》，《逻辑与认知》2003 年第 2 期。

的研究更成熟，也更形式化。然而，该文所展现的内容更多的是溯因推理方面的东西，其与因明的关系主要体现在两个概念上，即同例和异例。[①]从其实际使用看，它们不过是因明中同品、异品概念的异化，或者是同喻依、异喻依的别称。从这个角度看，我们可以将其工作概括为，以受因明中某个概念或命题的启发作为出发点所做的形式化研究。与因明的关联基本上限于工作之初，之后就渐行渐远了。

第四节　汉传因明形式化的可能性与恰当性

一　形式化的可能性

莱布尼茨关于普遍或通用语言的愿望在今天已经得到相当程度的实现，这就是形式语言。但莱布尼茨当初所谓的“普遍或通用”主要针对的是数学、逻辑领域，他似乎并不指望这种语言能通行于所有领域。由此引发的思考是：形式语言迄今未成为所有领域的通用语言的事实，应该被视为一种形式语言表现出来的形式化本身的局限性，还是应该视为一种形式化方法可进一步拓展的可能性？就本书的主题而言，更倾向于第二点。如上一节所介绍的，汉传因明的形式化工作早已开展，而且取得了一定的成功。这表明汉传因明形式化的可能性在一定程度上已经得到了实践的检验。现在的问题是我们还能沿此方向走多远？这相当于将问题转移到了另一个层面，即理论上的可能性。需要指明的是，这并非形式化方法本身的那种理论可能性，而是指在具体的对象上的理论可能性，即从现有的形式化理论看，汉传因明依然具有继续形式化的可能性。

（一）实践的可能性：汉传因明形式化的三种情形

以汉传因明而言，我们探讨对它形式化的可能性正是对上述问题的一种回应。汉传因明的形式化的现有研究有三种情形。第一，对因明论式、因三相、九句因等因明体系的要素进行形式化，以加深我们对于因明体系的逻辑性质的认识。这是相当多学者尝试过的工作，而且取得了部分的成功。其中，巫寿康的工作无疑是最有分量的。第二，对一个因明体系（如陈那体系、法称体系等）进行局部形式化，建立一个语形完全、语义

① 参见庄朝晖《一种基于同例和异例的溯因推理》，《厦门大学学报》（自然科学版）2008年第4期。

可靠的系统。这项工作在目前的汉学界似乎没有人做过。从这些体系来看，最有希望的似乎是法称体系。但这只是一种比较笼统的说法，因为其体系中的一些不合逻辑的成分必须清除出去后才有形式化的希望。第三，在某些因明术语或因明义理的诱导下，建立一些新的形式系统。这项工作似乎更可操作，因而吸引了一些学者的关注。如前文分析过的，庄朝晖的工作就属于这种性质，而且已经取得了一定的成功。可以预期的是将来会有更多的学者关注这方面的工作。

如此看来，欲探讨的汉传因明形式化的可能性实际上可转换为三个方向或三种情形下的可能性。第一种情形中，巫寿康的工作给我们的启示是，形式化只是我们解读汉传因明的一种方法或工具，借助它我们能更容易地确定因明哪些地方是合逻辑的或者说含有逻辑的因子，最终得出因明具有什么样的逻辑性质（譬如归纳的、演绎的等）。显然，这类研究并不大关心是否能够或是否有必要建立形式系统的问题。表面上看，探讨这种情形下的形式化的可能性似乎没有多大的意义。实际上，该类研究为我们提供了思考形式化可能性的一些重要基础。譬如，在局部的形式化过程中，哪些地方是合适的，哪些是不合适的，为什么？这类涉及局部的问题实际上影响我们对形式化整体的考虑，而且为我们提供了来自实践的参照物。第二种情形实际依赖于第一种情形，但第三种情形更具独立性，也更有前景。尤其是陈大齐的溯因思想、霍韬晦的归证说揭示出因明论式的性质与溯因推理的理论有很相近的地方，这无疑为因明沿溯因推理的方向发展提供了一定的理论基础，其中形式化方法将发挥重要作用。法克特的观点为这个方向的发展带来了希望，而庄朝晖的实际工作则提供了很好的示范，即使其工作只是取得了部分成功。

（二）形式化的理论可能性

1. 变项与形式化

在本章第二节讨论了变项与形式化之间的关系问题，它实际上可作为本部分的起点。汉传因明中有变项，但只是一种自然语言变项，更确切地说，是一种汉语言变项。这是我们能够对汉传因明进行形式化的基础。当卢卡西维茨说亚里士多德体系里有符号变项（逻辑变项）时，他实际上强调的只是它的形式化意义。显然，以此判定汉传因明中没有符号变项（逻辑变项）没问题。但不能以此判定汉传因明不可形式化，尽管汉语言变项不是符号变项。中国学者之前所做的工作已经表明，将汉语言变项转换成符号变项的操作并不复杂，对汉传因明进行形式化是可行的。然而，将汉语言变项符号化还只是汉传因明形式化的初步工作。

2. 作为对象理论的汉传因明

表面上看，我们可用形式化方法处理所有的理论。但作为处理的对象，笼统地说，其体系相对而言应该是比较系统的而不是零碎的、散乱的，是一致的而不存在重大的内在矛盾，体系中的基本概念应该是比较准确和明晰的而不是相反。之所以要给出诸如此类的限定，根本目的是保证我们对一种理论进行形式化处理是有意义的。陈波就此指出，“形式化只是把已有的研究成果组织为理论体系的方法，在没有对问题做深入、细致、周密的研究之前，就匆匆使用形式化方法，得到的系统一定是空洞无物或者错误百出的，因而是无价值的”①。

固然，对象理论越重要、越完备，将其形式化处理的意义也就越大。然而，去讨论一种理论要达到何种完善程度方可将其形式化的问题，这并不容易做到，也非本书之目的。

从汉传因明的角度看，自玄奘至今一千多年的时间里，无数僧俗学者为汉传因明体系的系统化做了很多工作。在古典时期，就已经形成了以立破为中心的比较完整的理论体系，譬如以同异品为基始概念，以因三相为基本原理，以比量式为立破工具等。在现代时期，因明原有体系发生了不少变化，但主要是研究范围的扩展，与逻辑有直接关联的内核并未发生根本性的变化。因此，从对象理论的角度看，对其进行形式化是有意义的，也是可能的。

二　形式化的恰当性

形式化于汉传因明究竟意味着什么？这个问题很少被人提及，至少在国内因明学界尚未见到这方面的专论。然而，不管人们是基于何种目的，汉传因明的形式化研究实际上早已开始。大多数学者未提及“形式化”，并不意味着他们没有接触形式化方法。只不过，几乎不谈及“形式化”而谈论数理逻辑或符号逻辑中的其他术语，而且还做着形式化的工作，这的确是一个奇特的现象。以此而论，我们似乎可以说，在相当长一段时期内，国内学者对汉传因明的形式化研究基本上处于一种无意识的非自觉状

① 陈波：《逻辑哲学导论》，中国人民大学出版社 2000 年版，第 122 页。

态。这也就意味着，探讨汉传因明形式化意义的问题几乎没有合适的参照物。

如果形式化对于汉传因明没有实际的意义或价值，那么汉传因明的形式化显然是不恰当的。在数学领域里发展起来的形式化方法之所以受到如此多的关注、研究和应用，很重要的原因是形式化在数学上发挥了重大作用。当这种方法在语言、逻辑、计算机等领域也开始发挥重大作用时，我们自然很期待它能在与逻辑相关程度很高的汉传因明领域。对于是否应该将汉传因明形式化的问题，人们实际上已经用实际的研究部分地回答了它。已有的成果显示了形式化的一些优势，但存在的问题依然很多。就巫寿康的工作而言，他让我们看到了汉传因明体系局部形式化处理所带来的好处，譬如对因三相、九句因、三支论式等形式化后，我们可以更严格地证明因明是否具有演绎的性质。但正如我们所看到的，这种形式化的处理实际上是在付出了一定的代价后才实现的。人们实际上尚无把握判断这样做是否值得，因而这种形式化处理的恰当性还处于探讨阶段。

逻辑史上形式化所受到的质疑与它本身的局限性是相关的，但没有人以此去否认形式化方法的优越性。表面看，这似乎对于此处的讨论并没有多少实质性的帮助，因为我们更关心汉传因明形式化过程所遭遇的实际困难。实际上，形式化在逻辑上遭遇的问题及其讨论，无疑对我们探讨汉传因明形式化的恰当性有借鉴作用。例如，自然语言体系中的常项和变项如何恰当地形式化的问题，一直是逻辑学家或逻辑哲学家争论的焦点。即使到了现在，也没有得到很圆满的解答。关于这点，我们可以从苏珊·哈克睿智但依然艰难地应对这类问题时的表现有所领悟。① 然而，人们往往用行动去应对争论，在实际研究中去应对理论上的争议。这并非否定理论讨论的意义，只不过在理论上未有定论之前，行动才是最好的回答。这于汉传因明的形式化而言，无疑是有启发作用的。

“因明论式或比量式”的说法实质上是对于因明比量实例的抽象，但不等同于实例本身。那么，抽象的结果在因明上是如何表达的呢？这就是通常所谓的含有“宗因喻”的三支作法或论式。“支”被用以指称论式结构的成分，宗、因、喻三支则被用来表示陈那时期的论式结构。不过，至此而止，不再有其他更为抽象的表达。符号或字母化的表达并未在其时出

---

① 参见［英］苏珊·哈克《逻辑哲学》，罗毅译，张家龙校，商务印书馆2003年版。

现，这并不奇怪。如果我们承认现代逻辑的符号化或形式化算是一种进步，那么当时的因明（或正理或其他类似的理论）尚未达到如此地步。但现在我们是否应该做此工作？在未有定论之前，我们不妨先假定符号化是一种进步，那么对因明的论式进行符号化就是现代学者应该进行的一项工作。这只是针对世间学者而言的，因为佛教徒可能不大同意这样做。实际上，早在20世纪初，中国学者就已经开始做这方面的尝试了。符号化或形式化的工作以及针对这一工作所开展的研究取得了比较令人满意的结果，这是一种很自然的期待。然而，真实的情形并不符合这种期待，这更是值得深思的问题。

总之，不管我们如何质疑形式化的可行性、恰当性，有一点得承认，那就是，这方面的工作实际上早就开启了，只不过在大多数情形下，我们并未意识到这点，或者说这方面的工作并未在一种很自觉的情形下进行而已。

汉传因明的形式化研究可视为对汉传因明所做的逻辑解读。形式化理论实际上充当了一种元理论，而汉传因明则为对象理论。形式化方法被视为一种严格的需要应用许多技术的方法，形式化的理论被视为一种符合人们对高度严密性诉求的理论。为汉传因明构建一个完整的形式化的系统固然是此类研究的最高目标，但从汉传因明自身的体系看，这种目标恐难达到。一些学者的研究只是表面上达到了这一目标，实际上却经不起因明学者的检验。若追问其所构建的系统是否可视为一个符合因明本义的系统，所得的答案往往是否定的。这种情形似乎预示着我们可能最终也难以构造一个经得起推敲的形式化系统，但这并不能否定形式化研究的意义。不过，适当降低形式化研究的目标或许才是明智的。

第五章

非形式逻辑与汉传因明的联动

相对于逻辑体系中原有的成员来说，非形式逻辑是一个新事物。即便相对于汉传因明，它也是新事物。不过，将非形式逻辑和因明放在一起讨论无论如何都是一件有意义的事。或许，我们很快就会看到许多这方面的文章，而相关的断言亦将不断涌现。例如，最终可能会有很多学者得出汉传因明是非形式逻辑的结论，但不管怎样，在开启这类研究之前，尤其是在得出结论之前，保持适当的冷静和谨慎是必要的。

就目前呈现的面貌而言，非形式逻辑依然给人模糊的感觉。因此，与其将因明置于“非形式逻辑的视野下”，倒不如将其倒转，譬如说“因明视野下的非形式逻辑”。至少就产生和发展来看，因明（或汉传因明）有着远比非形式逻辑悠久的历史，理论体系也更成熟，因而这样做是可行的。① 这既非否定非形式逻辑理论及其方法的意义，亦非拒斥非形式逻辑于汉传因明研究的可能促进。本书真正反对的是，在未深入研究的开始阶段就将汉传因明置于附属的地位，这对于因明（或汉传因明）显然是不公平的。当然，将二者置于对等的地位进行比较是一种更合理的选择。它们最终会是一种什么关系？这需要在深入研究之后去界定，现在断言还为时过早。本书尝试着以“联动”去描述它们目前的关系，只是一种暂时的做法，最终的结果将由研究来决定。

本部分主要关注的问题是：什么是非形式逻辑？非形式逻辑与汉传因明研究有什么样的交集？非形式逻辑与汉传因明研究之间可能发生什么样的联动？

---

① 此处仅指正式的学科名称出现之后的历史。

第一节　非形式逻辑概述

一　发生与发展

（一）肖尔兹的预言

关于非形式逻辑，中外学者似乎都忽略了逻辑史学家肖尔兹，早在1931年他就预言了非形式逻辑的出现，并表达了其强烈的不安。[①] 因此，先了解肖尔兹曾经表达过什么，有助于我们更好地理解非形式逻辑，也能更好地理解目前学界对非形式逻辑定位的困境。

肖尔兹曾经表达了他对“形式逻辑”名称的不满，同时也指出了非形式的逻辑将以对立者的身份出现。如其所说：“形式逻辑这个概念，本身是一个有语病的概念。因为，有了形式逻辑这个概念就有同它对立的非形式的逻辑作为补充。”[②]

仅就这段表述而言，我们至少需要注意其所包含的三方面的信息。第一，此处所明言的是“非形式的逻辑”而不是“非形式逻辑”，这与前文说他预言了“非形式逻辑”的产生有些偏差。从字面上看，的确如此。但若从肖尔兹对该名称的使用和解释来看，与当前学界的做法相当一致。纵有偏离，也在可容忍的限度内。因此，为了行文的方便，接下来我们将统一将肖尔兹的“非形式的逻辑”代之以“非形式逻辑”。

第二，肖尔兹认为形式逻辑有语病时，表明他已经感觉到非形式逻辑将对形式逻辑的传统地位形成威胁。作为亚里士多德逻辑的捍卫者，有这种担心是能够理解的。我们只是不能完全确定肖尔兹的这种不满是仅针对康德还是针对后来沿用“形式逻辑”这一说法的整个西方学界。[③] 不过，前一种可能性更大些，因为该名称毕竟由他而起。

第三，非形式逻辑首先是一种逻辑，其次它是对立于形式逻辑的逻辑，同时又是后者的一个补充。这点与我们目前所见到的非形式逻辑的

① 此处说“预言”所持的根据是：肖尔兹的《简明逻辑史》第一版的出版时间（1931年）早于“非形式逻辑”的第一次正式问世时间（1980年）。后者指的是第一次举行关于非形式逻辑国际会议的时间。

② ［德］亨利希·肖尔兹：《简明逻辑史》，张家龙译，商务印书馆1977年版，第10页。

③ 据肖尔兹的考证，康德是第一次使用“形式逻辑”的人（见《简明逻辑史》，第18页）。

解释是一致的。譬如，约翰森（Johnson）就曾表达过这种观点。[1]

值得注意的是，当肖尔兹将科学论当作形式逻辑和非形式逻辑的上位概念时，他实际上已经将逻辑当作科学认识的工具，而科学论被视为“最广义的获得科学认识的工具的理论”[2]。他甚至将穆勒的逻辑划归为非形式逻辑，而且认为“其下层基础具有形式逻辑的性质”[3]。表面看，在肖尔兹的观念中，非形式逻辑在逻辑里是形式逻辑的一个补充，在科学论里亦如此。然而，这些观点并没有反映出他的真实想法，在前面的引文中虽有些许反映，但还不够全面。最真实的想法是他以形式逻辑代言人的身份表达出来的：“一般古代人特别是亚里士多德，由于他们在这一方面直到今天还堪称模范的风格，对这种非形式的逻辑或者完全不允许，或者只是勉强允许。”[4] 显然，非形式逻辑在他内心的地位是远不如形式逻辑的。可以想象，在他这类学者的观念里，前者要获得合法的身份，还需得到形式逻辑学界的认可。非形式逻辑正式问世后所面临的处境以及起始阶段所具有的尴尬地位，基本上都被肖尔兹言中。

实际上，这种将形式逻辑凌驾于非形式逻辑之上的观念具有悠久的历史传统。譬如归纳逻辑、辩证逻辑等就曾经受到形式逻辑学家的长期抵制，即便到了今天，它们也还未得到完全的认可。因此，非形式逻辑从开始到现在受到的排挤，绝非什么奇怪之事。

当然，形式逻辑的对手将于何时以何面目出现？这并非肖尔兹所能预测的，但这并不重要。我们只需知道，非形式逻辑已经出现，而且正如肖尔兹担忧的那样，它一开始就是以挑战者的身份出现，这是一个不容否定的事实。尽管约翰森、布莱尔等学者正试图寻找共同点来缓解二者之间这种紧张的对峙（譬如，寻找二者共同的根源以及强调它们的互补性等），但不大可能消除它们之间固有的隔阂。另一个事实是，不管人们如何评价非形式逻辑，它都在蓬勃发展着，其势头已经不可阻挡。正因为如此，人们迫切希望能尽快地了解它，然后解释或批判它。关于它如何形成、何时产生等方面的基本情况，约翰森、布莱尔等学者的研

---

① 参见 Johnson，“The Relation between Formal and Informal Logic”，*Argumentation*（13），Kluwer Academic Publishers，1999。

② ［德］亨利希·肖尔兹：《简明逻辑史》，张家龙译，商务印书馆 1977 年版，第 19 页。

③ ［德］亨利希·肖尔兹：《简明逻辑史》，张家龙译，商务印书馆 1977 年版，第 20 页。

④ ［德］亨利希·肖尔兹：《简明逻辑史》，张家龙译，商务印书馆 1977 年版，第 10 页。

究可资参考。

（二）发生、发展的基本历程

1. 成因概览

笼统地说，非形式逻辑（informal logic）可视为20世纪六七十年代在北美和欧洲兴起的一门新学科。以美国而言，那一时期的社会政治方面的运动（如公民权运动、反越战运动）促使学校的逻辑课程教学进行改革，以便能更好地帮助学生“对当下的社会事件进行推理和论证”①。从这个意义上说，非形式逻辑可视为逻辑课程教学为适应社会实践的需要而进行改革的产物。然而，这仅仅是非形式逻辑产生的一个直接的或者表面的原因。更深层次的原因在上文提及肖尔兹的预言中已有所揭示，即“形式逻辑”名称本身预设了其对立物“非形式逻辑”的产生。或许，这是一种可用辩证法予以解释的哲学必然。关于非形式逻辑的成因，更为细致的分析可参阅国内学者阮松的《非形式逻辑的兴起》（《逻辑与语言学习》1991年第4期）、武宏志的《“非形式逻辑”与“论证逻辑”——兼评刘春杰的〈论证逻辑研究〉》[《延安大学学报》（社会科学版）2000年第1期]、武宏志与刘春杰的《“非形式逻辑”的概念及其义理》[《青海师范大学学报》（哲学社会科学版）2004年第6期]、赵利的《20世纪非形式逻辑的发展》《学术研究》（2002年第11期），周强的《“非形式逻辑运动”的兴起与发展》（《东岳论丛》2011年第2期）等论文。

2. 发生史与寻根之旅

（1）简短的发生史

显然，相对于形式逻辑悠久的发生、发展史，非形式逻辑以一门学科的面貌出现仿佛就是昨天的事。这就不难理解人们为何会质疑非形式逻辑是否有历史了。在这方面，沃尔顿（Walton）和布林顿（Brinton）的看法是很值得注意的。他们认为，作为一门专业的有自我意识的领域，非形式逻辑的确有一个很近期的历史。② 关于这点，通过那些在非形式逻辑学家看来值得写进历史的重要事件可得到验证。譬如，1978年在加拿大的温莎大学举行的第一届国际非形式逻辑研讨会之所以让非形式逻辑学家记

① 赵利：《二十世纪非形式逻辑的发展》，《学术研究》2002年第11期。

② 参见 Douglas Walton, Alan Brinton, “Introuduction”, in Douglas Wolton and Alan Brinton, eds., *Historical Foundations of Informal Logic*, Ashgate Publishing Ltd, 1997。

忆深刻[①]，一个很大的原因在于其时的北美以及欧洲大陆已经涌现了大量的有关非形式逻辑的读物，为其后不久非形式逻辑的正式亮相做了很好的铺垫。1979 年《非形式逻辑通讯》的问世及其于 1984 年的更名（《非形式逻辑》）无疑是非形式逻辑史上的两个重要事件。[②] 不过，在沃尔顿和布林顿看来，1980 年以非形式逻辑名义举办的国际研讨会才是该学科历史上的一个里程碑。[③] 实际上，不管以哪个时间作为起点，非形式逻辑正式问世都不是久远之事。

（2）漫长的寻根之旅

当人们追问非形式逻辑有没有更早的历史起源时，非形式逻辑学家首先得回答两个问题：① 什么是更早的历史起源？② 非形式逻辑在何种意义上可以说有一个更早的历史？这些问题的答案部分取决于非形式逻辑被认为是什么。显然，对历史的追溯可能影响我们关于它是什么的观念。事实上，非形式逻辑学家相信，更仔细、更系统地进行历史回溯至少可以达到两个目的：一是深化人们对于非形式概念的理解，二能为非形式逻辑的存在提供一个有历史根据的辩护。这无疑能在一定程度上消减其历史所带来的短暂不利，尤其当它作为对立物出现而受到攻击时。如此，追溯历史起源一方面是非形式逻辑学家应对攻击的无奈之举，另一方面则是主动寻找历史根源的明智之举。

那么，这种追溯是否达到了目的呢？许多学者通过他们的研究做出了肯定的回答，至少在他们看来是这样的。实际上，当他们由康德、穆勒一直回溯到中世纪的学者、伟大的亚里士多德、柏拉图乃至古希腊的诡辩者

---

① 关于本次会议是形式逻辑的还是非形式逻辑的，阮松认为是前者，武宏志、刘春杰、梁义民等则认为相反，周强亦持此看法。参见阮松的《西方的非形式逻辑运动与我国逻辑学走向》[《南开学报》（哲学社会科学版）1996 年第 6 期]，武宏志、刘春杰的《“非形式逻辑”的概念及其义理》[《青海师范大学学报》（哲学社会科学版）2004 年第 6 期]，梁义民的《一个不固定的指示符：非形式逻辑的学科品性》（《浙江社会科学》2011 年第 7 期），周强的《“非形式逻辑运动”的兴起与发展》（《东岳论丛》2011 年第 2 期）。但据约翰逊和布莱尔提供的信息，阮松的说法可能是错的。具体可参阅 Johnson，Blair，“Informal Logic in the twentieth century”，in Douglas Wolton and Alan Brinton，eds.，*Historical Foundations of Informal Logic*，Ashgate Publishing Ltd，1997。

② 参见 Ralph H. Johnson，“Making Sense of ‘Informal Logic’”，*Informal Logic*，Vol. 26，No. 3，2006。

③ 参见 Douglas Walton，Alan Brinton，“Introuduction”，in Douglas Wolton and Alan Brinton，eds.，*Historical Foundations of Informal Logic*，Ashgate Publishing Ltd，1997。

身上时，我们很难相信非形式逻辑没有历史根基。显然，当“形式”和“非形式”之说未获得明确的现代含义之前，我们是无法名正言顺地谈论形式逻辑和非形式逻辑的。因此，如何理解“形式”与“非形式”无疑是区分形式逻辑和非形式逻辑的关键。以此而论，如果说非形式逻辑学家追溯之旅的意义之一在于寻找“非形式”的古典含义，那么形式逻辑学家之前在这方面的工作则不过是在寻找关于“形式”的历史意义。不过由于非形式逻辑的挑战，他们不得不重新审视之前的工作和结论。

对于非形式逻辑历史起源的回溯方面的研究，沃尔顿和布林顿给我们推荐了一些学者的成果。从中挑选三位分别研究诡辩者、柏拉图以及亚里士多德的学者为代表，对本书来说是足够的。首先来看约翰·鄱拉科斯（John Poulakos）的工作。他对于希腊的诡辩逻辑有一些独到的看法，或者更准确地说，他认为在那里找到了一些非形式逻辑的因素。不过，任何试图将希腊诡辩者当作目前非形式逻辑发展的前驱来讨论都是有问题的。严格地讲，即便要讨论，在诡辩与实际事务领域内现代思维的有效推理之间也没有什么直接联系。即便如此，我们依然坚信目前的概念既不是完全随意的，也不是完全唯一的。换句话说，我们始终相信我们的概念与我们祖先的概念是联系在一起的，其中也包括诡辩者。所以基于这样的考虑，如果对非形式逻辑目前观点的正确理解要求我们谈论遥远时期的术语，那么有必要探究这个重要研究领域的早期思考。

诡辩者的逻辑将人置于变化的环境中，即开放限制为论辩而竞争。更进一步地说，它假定复制这种状况的唯一手段是语言。借助这种手段，人们能抓住并创造适当的时刻，挑战传统上强大的论辩权威，并且主张新的思维和行动的可能性。作为在文化自信和经验的时期创造的东西，这种逻辑能满足公元前 5 世纪后半期一系列社会和政治的需要、一系列新的内在反省。公元 4 世纪的哲学家则致力于一种新逻辑的研究，这种新逻辑的首要任务是反驳诡辩者的逻辑。①

詹姆斯·本杰明（James Benjamin）的研究对象是柏拉图，他认为非形式逻辑早就扎根于柏拉图的思想中。② 譬如，在其有关辩证法和修辞学

① 参见 John Poulakos，“The logic of Greek sophistry”，in Douglas Wolton and Alan Brinton，eds.，*Historical Foundations of Informal Logic*，Ashgate Publishing Ltd，1997。

② 参见 James Benjamin，“The roots of informal logic in Plato”，in Douglas Wolton and Alan Brinton，eds.，*Historical Foundations of Informal Logic*，Ashgate Publishing Ltd，1997。

的论辩中，在柏拉图关于真正论辩场所讨论中，我们都能找到这方面的思想。而且当他利用自然语言或非形式逻辑的论辩概念为人们提供进行肯定或否定反驳的方法时，同样展现这类思想。在肯定方面，语言和论辩可以将人们引向理解和真理。在否定的方面，语言和论辩能误导人们，并将他们导向迷糊和错误的印象。

相对于亚里士多德，柏拉图在非形式逻辑的起源方面的作用更加复杂。但总的来说，柏拉图的非形式逻辑思想主要体现在三个方面。

第一，柏拉图为辩证法和修辞学论辩提供了发展之根。他既继承又有所创新地将辩证法发展成一种疑问句的肯定形式。利用合和分的方法，柏拉图为他的修辞学提供了一种分析的方法，这种方法为一种肯定的扩展的论辩形式提供了基础。

第二，他将自然语言的概念与辩证法、修辞学在认识功能上的重要性连接起来。自然语言既是论辩的对象，也是论辩的工具。在辩证法和修辞学的论辩形式中，非形式逻辑使用自然语言去提出言语者的认知目标。

第三，在柏拉图时代，关于理想的论辩场所超越了学术争论的狭窄限制。在现实世界生活的过程就是在法庭上、在公民大会以及在广场论辩的过程。在法庭上，诉讼当事人既靠修辞学又靠辩证法来给案例施加压力。论辩的艺术被用于政治的集会解决公共政策的问题。在辞藻华丽的论辩场所，非形式逻辑被用于强调公民美德。在每一个这样的表演场地，非形式逻辑为成功提供手段或方法。

总之，柏拉图作为非形式逻辑创立者的作用是复杂的。当他没有明确区分被认为是非形式逻辑领域的概念和技术时，他的工作只是丰富话题的前奏。但柏拉图通过社交情境中的自然语言为论辩的全人类保留了一种模式。

帕梅拉·胡比（Pamela Huby）选择了亚里士多德作为对象，试图在其思想中寻找尽可能多的与非形式逻辑有关联的因素。① 这种做法并不令人奇怪，因为古往今来，人们早已习惯在亚里士多德那里寻找有用的根据或有启发性的线索。虽然不一定总能成功，但不管怎样，我们还是应该尊

① 参见 Pamela Huby，“Aristotle and informal logic”，in Douglas Wolton and Alan Brinton, eds.，*Historical Foundations of Informal Logic*，Ashgate Publishing Ltd，1997。

重那些有价值的研究。至少在胡比告诉我们亚里士多德思想中有哪些非形式逻辑因素之前，应该秉持一种客观公正的态度。那么，胡比究竟揭示了一些什么样的东西呢？

在《亚里士多德与非形式逻辑》（*Aristotle and informal logic*）中，胡比详细地分析了亚里士多德除《前分析篇》以外的与非形逻辑联系更紧密的四个篇章，即《范畴篇》（Categories）、《后分析篇》（Poster analytics）等。鉴于其篇幅较长，此处只能择要介绍其主要的结论或观点。

首先，在发展出三段论之前，在 Topics 中成百上千个话题所涉及的论辩缺乏严格的组织。这些组织松散的一般论证形式被亚里士多德用于训练其学生的实际论辩能力，更多地被用于公共场合的政治论辩和法庭论辩，当然也用于探讨哲学问题，甚至个人论辩的思想也有所展现。在这种论辩实践中，自然会有些关于论证形式以及方法上的发展。值得注意的是，这里没有那种将可信的论证区分开来的形式论证的清晰思想，所谓好的论证指的是那种能击败对手的论证。实际上，Topics 中涵盖了标准三段论之外的各种论证方法，包括一些非有效的方法。

其次，修辞学主要处理演讲中论证应用方面的问题，这实际涉及语言。而在古老的《诗论》中，处理了我们现在称为语法的东西。像中世纪的逻辑学家一样，亚里士多德并不将语言的研究看作置于逻辑研究的范围之外，这与现代非形式逻辑家高度关注语言问题一样意义重大。

其他方面的一些研究成果，可以参阅艾伦·R. 佩内尔（Alan R. Perreiah）的《中世纪辩证法的论辩形式》①，罗素·沃尔（Russel Wahl）的《波尔·罗亚尔逻辑》②，艾伦·布林顿（Alan Brinton）的《艾萨克·沃茨的逻辑》③，雷米埃·E. 麦凯洛（Raymie E. McKerrow）的《惠特利和谬误推理研究》④，罗布·格罗顿道斯特（Rob Grootendorst）的

① 参见 Alan R. Perreiah, "Forms of argumentation in medieval dialectic", in Douglas Wolton and Alan Brinton, eds., *Historical Foundations of Informal Logic*, Ashgate Publishing Ltd, 1997。

② 参见 Russel Wahl, "The Port Royal Logic", in Douglas Wolton and Alan Brinton, eds., *Historical Foundations of Informal Logic*, Ashgate Publishing Ltd, 1997。

③ 参见 Alan Brinton, "The Logick of Isaac Watts", in Douglas Wolton and Alan Brinton, eds., *Historical Foundations of Informal Logic*, Ashgate Publishing Ltd, 1997。

④ 参见 Raymie E. McKerrow, "Whately and the study of fallacious reasoning", in Douglas Wolton and Alan Brinton, eds., *Historical Foundations of Informal Logic*, Ashgate Publishing Ltd, 1997。

《政治谬误的杰里米·边沁手册》[①]，汉斯·汉森（Hans V. Hansen）的《穆勒对推理和谬误的研究》[②]，胡德·哈德逊（Hud Hudson）的《康德与非形式逻辑》[③]。如果我们承认这些学者的工作是有成效而且有说服力的，那就得接受他们的结论，即西方先哲们所做的研究与目前的非形式逻辑总有着某种或隐或现的联系，这表明非形式逻辑绝非无根之学。

二　非形式逻辑之名与义

（一）正名之争

非形式逻辑目前还只是一种无固定所指而略显宽泛的名称。就其产生和发展的历史而言，是简短的；就体系结构而言，它还显得松散；就观点或理论而言，异说纷纭；就研究对象而言，尚不固定；就其与形式逻辑的关系而言，分歧依然。诸如此类的情况表明，关于“什么是非形式逻辑”的问题，人们还没有真正达成共识。因此，有些学者干脆将非形式逻辑称为“不固定的指示符”[④]，这是有一定道理的。

然而，我们绝不能说非形式逻辑还没有形成学科的概念和理论体系。实际上，围绕什么是非形式逻辑所展开的讨论，业已形成一个基本的概念框架和具有一定解释力的理论体系。非形式逻辑学家甚至有时为太多的理论选择而苦恼，尤其在对学科名称的界定时就面临这种情况。关于这方面的具体情形，在下文将主要借助约翰逊和布莱尔的介绍来展现。不过，在这之前，不妨先简单了解“非形式逻辑”原语的早期出现以及汉译后的使用情况，这对于我们进一步理解非形式逻辑的概念是有益的。

按照武宏志等学者的说法，“非形式逻辑”的英语原语是“informal logic”，它很早就出现在杜威的《认知与所知》（1949 年，英文版）中。[⑤]

---

① 参见 Rob Grootendorst，“Jeremy Bentham's Handbook of Political Fallacies”，in Douglas Wolton and Alan Brinton，eds.，*Historical Foundations of Informal Logic*，Ashgate Publishing Ltd，1997。

② 参见 Hans V. Hansen，“Mill on inference and fallacies”，in Douglas Wolton and Alan Brinton，eds.，*Historical Foundations of Informal Logic*，Ashgate Publishing Ltd，1997。

③ 参见 Hud Hudson，“Kant and informal logic”，in Douglas Wolton and Alan Brinton，eds.，*Historical Foundations of Informal Logic*，Ashgate Publishing Ltd，1997。

④ 梁义民：《一个不固定的指示符：非形式逻辑的学科品性》，《浙江社会科学》2011 年第 7 期。实际上，该文的“不固定的指示符”源于 Johnson，具体可参阅 Ralph H. Johnson，“Making Sense of Informal Logic”，*Informal Logic*，Vol. 26，No. 3，2006。

⑤ 参见武宏志、刘春杰《论证研究的复兴》［《延安大学学报》（社会科学版）1998 年第 1 期］中的注释 15，目前尚不清楚 informal logic 是否有更早的出处。

选用"informal"而不是"non-formal"，在国外学界曾经受到过非议，"不幸""不严格或草率"的说法表达了某些学者内心的不满。[①] 然而，最终人们还是认可了"informal logic"。值得注意的是，当它被引入中国后，人们关于如何翻译它也有过争议。有学者主张"informal logic"应该被译为"非形式的逻辑"，但另有学者指出，若从该名称之下的实际研究内容以及汉语习惯来看，译作"非形式逻辑"亦未尝不可。[②] 显然，在如何翻译问题上，学者之间意见不一致。表面上看，这只是简单的译名之争，实际上是非形式逻辑存在的合法性之争。从目前来看，人们更倾向于使用"非形式逻辑"而不是"非形式的逻辑"。这意味着，人们通过行动结束了译名之争。然而，这并不表示非形式逻辑与形式逻辑之争已被消除。事实上，原有的争论甚至已经演变为约翰逊所谓的形式逻辑与非形式逻辑之间的地盘之争。[③] 对于非形式逻辑学家而言，正名似乎成了目前的首要任务。

（二）基本定义

在西方众多的非形式逻辑学者中，约翰逊、布莱尔是为数不多的持久关注非形式逻辑定义的学者。而且，他们似乎都对形式逻辑和非形式逻辑之争持有一种比较宽容也比较客观的态度。这使得他们的观点可能更全面、更准确，也更中肯。先看他们 1987 年就什么是非形式逻辑表明的观点：

> 我们用非形式逻辑指称逻辑的一个分支，它侧重于发展非形式的标准、条件、程序，用以分析、解释、评估、批评以及重构日常话语中的论证。[④]

这个表述很清晰地界定了非形式逻辑的学科属性、研究对象、研究模式和方法。随着研究的不断深入，尤其是在比较了众多不同的观点后，他们不断强化这个基本看法，尤其是在与形式逻辑比较后，更是坚定了以论证为

---

① 参见武宏志、刘春杰《"非形式逻辑"的概念及其义理》，《青海师范大学学报》（哲学社会科学版）2004 年第 6 期。

② 参见阮松《再谈关于非形式逻辑的若干问题》，《晋阳学刊》1993 年第 5 期。

③ 参见 Ralph H. Johnson，"The Relation between Formal and Informal Logic"，*Argumentation* (13)，Kluwer Academic Publishers，1999。

④ Johnson，Blair，"Informal Logic in the twentieth century"，in Douglas Wolton and AlanBrinton，eds.，*Historical Foundations of Informal Logic*，Ashgate Publishing Ltd，1997，p. 161.

主要研究对象的想法。譬如，约翰逊（Johnson）在1999年曾在《形式逻辑和非形式逻辑的关系》（*The Relation between Formal and Informal Logic*）中指出，不同的思想家经常以不相容的方式理解非形式逻辑。他在回顾一些关于非形式逻辑的重要观点后，再次推出了他和布莱尔于1987年提出的概念，并且试图解释非形式逻辑是如何与形式逻辑相辅相成的。在论证问题上，约翰逊在比较了形式逻辑和非形式逻辑的同异后，提出了一些非常值得重视的观点。譬如，他认为，当形式逻辑被解释为关于论证的理论时，显然是失败的，原因是形式逻辑从来没有真正关心过论证。对于一个给定的结论，总有好的论证来支持它，也有好的论证来反驳它。约翰逊将这个源于汉布林的观点转换为，给定一个命题，总有好的论证来支持它，也有好的论证来反驳它。但在逻辑上，一个命题既被证明是真的又被证明是假的，或者既有效地证明一个命题又有效地否证该命题，这显然是不可想象的。因此，“如果想要一个说明我们的最佳论证实践的理论，那么我们必须在别处寻找。这个‘别处’就是非形式逻辑”①。

在《解读“非形式逻辑”》（*Making Sense of “Informal Logic”*）（2006年）中他列出了13种与非形式逻辑相关的定义或说法，目的只是尽可能展示各种解释下的非形式逻辑的真实面目。②

（1）关于实质概念的逻辑（Ryle，1953年）；

（2）对应于形式装置的自然语言逻辑（Grice，1975年）；

（3）既非归纳亦非演绎的逻辑（Carney & Scheer，1964年；Rescher，1964年）；

（4）关于论证和非形式谬误的逻辑（Johnson & Blair，1980年）；

（5）关于推理的理论（Finocchiaro，1984年）；

（6）关于好的推理规则的学问（Goldman，1986年）；

（7）去演绎和归纳的逻辑（Copi，1986年）；

（8）关于论证的逻辑（Blair & Johnson，1987年）；

（9）关于批判性思维的理论（Scriven，1987年）；

（10）语用学（Fogelin，1976；Walton，1990年）；

---

① Ralph H. Johnson，“The Relation between Formal and Informal Logic”，*Argumentation*（13），Kluwer Academic Publishers，1999，p. 274.

② 参见 Ralph H. Johnson，“Making Sense of ‘Informal Logic’”，*Informal Logic*，Vol. 26，No. 3，2006。

（11）修辞学（Toulmin，1992 年）；

（12）应用认识论（Weinstein，1994 年）；

（13）关于正当理由的研究（Weinstein，1994 年；Hitchcock，2000 年；Pinto，2001 年）①

综合上述说法，我们大致可描述非形式逻辑的主要特征：属于逻辑但异于传统逻辑（演绎和归纳）；研究的主要对象是非形式的论证和谬误；关注的是自然语言情境以及论证或论辩的语用层面；重视论证的实用性，也关注修辞学等有助于论证或论辩的因素。

这显然不能算是一个关于非形式逻辑的严格定义，但对于我们接下来进行的比较基本上是够用的。国内学者试着给非形式逻辑一个较完整的解释，这也可作为比较研究的一个参照物。例如，武宏志、张海燕的《论非形式逻辑的特性》等。②

第二节 非形式逻辑与汉传因明的同异性

不管现有多少种非形式逻辑的定义，也不论人们究竟达成了多少共识，或者现有的理论有多少缺陷，都不妨碍我们从目前依然松散的非形逻辑体系中找到可与因明比较的内容。换句话说，二者之间的同异性比较无论如何都是可操作的。当然，这并不意味着所做比较是随意的。本书接下来将以论式作为重点，将非形式逻辑与因明进行对比。具体而言，在实践的品性、论式结构以及论式结构的评估等方面，非形式逻辑和因明之间已经表现出既相通又相异的特点。为表述上的简洁起见，我们将以 IFL（Informal Logic 的缩写）表示非形式逻辑，以 CHH（Chinese Hetuvidyā 的缩写）表示汉传因明。

一 实践品性

（一）共性

IFL 与 CHH 至少在两个方面显示了共性，而且在与形式逻辑的比较

① 此处参照了梁义民在《一个不固定的指示符：非形式逻辑的学科品性》（2011 年）中的翻译，但不尽相同。

② 参见武宏志、张海燕《论非形式逻辑的特性》，《法律方法》，山东人民出版社 2009 年版。

时，这些共性更鲜明地凸显出来。首先，它们都以自然语言而不是形式语言为载体。这意味着相应的表述、交流、研究等，都在自然语言的环境下来完成。其次，它们都起源于论辩或辩论。因而，都重视论证的实用性，重视建构用于论辩的方法、规则、理论等。如上一节介绍的，西方学者追溯 IFL 的历史之根的结果可以表明这点，因明学者对因明的历史起源的追溯也有相似的结论，譬如吕澂视因明为“察事辩理之学”[①]，释印顺则以为“因明，胚胎于辩论术”[②] 等。

自然语言和论辩都与实践紧密相关，若将它们都归为实践品性，则可以说 IFL 与 CHH 都具有相似的实践品性，这就是二者重要的相似之处。

（二）差异性

即使都使用自然语言，但 IFL 和 CHH 并不完全一致。以前者而言，其自然语言是没有限定的。也就是说，它可以是任意一种自然语言，譬如英语、汉语、梵语等。但于后者则不然。本书将汉传因明限定为使用汉语而非其他语言作为载体，这就意味着，CHH 所涉及的自然语言只有汉语（古汉语和现代汉语）。需要说明的是，汉传因明作为一个开放的体系，并非不研究以其他语言书写（如梵、藏、英语等）的因明著作，而是不以汉语之外的自然语言作为元语言。这似乎赋予了 CHH 一种特权，是否妥当？任何熟悉 CHH 的历史以及中国人的贡献的学者，都应该可以理解这一做法。不管怎样，本书有关 CHH 的讨论被设置在汉语语境下进行。

再来看起源上的差异。尽管 IFL 和 CHH 都起源于论辩，但实际的情形很不一样。起始时间、持续的时间、论辩的内容、论辩的功能和方法、基本形态、相关理论等，二者都表现出很大的差异。具体情形如何，还是留给那些逻辑史学家和因明史学家去回答好了，它不是本书的主题。

还需要补充一点，这实际上是由起源差异引起的。具体而言，IFL 和 CHH 有一个完全不一样的历史。依照上一节的分析，前者有一个短暂的正史，也有一个古老的根源，即所谓古希腊的诡辩论。后者则有一个比前者长久得多的正史[③]，而且正史之前也有一个遥远的历史之根。有的学者

① 吕澂：《因明纲要》，第 9 页。

② 释印顺：《印度之佛教》，中华书局 2011 年版，第 163 页。

③ 即使从“因明”或“因明处”原语出现的时间算起，也至少可追溯到公元 4 世纪（见第一章第一节），则迄今也有一千六百多年的历史，比非形式逻辑自 20 世纪六七十年代才开始的历史要漫长得多。

认为它可追溯至古印度的奥义书，如《圣德格耶奥义书》[①]。从这点上看，强调在开始阶段不将 IFL 置于 CHH 之上的做法是有道理的。

二 非形式论证与因明比量

（一）论证与推理

或许是起源的关系，我们经常能看到形式逻辑学家和非形式逻辑学家都谈论“论证”的现象。笼统地说，二者所谈论的对象表面相同，但着重点并不一样，前者在于所谓“论证的有效性”，后者着重的是“论证的有用性”或“论证的实用性”；前者的说法实际上可以转换为“推理的有效性”或为“有效性”；后者所言说的论证才是真正在生活中被广泛应用的东西，是源于生活又应用于生活的一类东西。

上述两种谈论“论证”的情形都有可资证明的材料，差别只在于二者谈论的角度不同而已。对于前者，西方的经典逻辑史料或逻辑哲学之类的典籍中有不少这方面的讨论。譬如，涅尔夫妇的经典著作《逻辑学的发展》开篇就是“有效性概念”，但里面谈的却是未加区分的推理和论证[②]；再如，苏珊·哈克的名著《逻辑哲学》中的第二章“有效性”，尽管触及了现在非形式逻辑学家所关注的论证评估问题，但这些基本上都被置于形式逻辑有效性的框架内[③]。对于后者，正式的研究虽然自 20 世纪中后期才开始，但所讨论的内容主要以论证为中心展开，视角、理论和方法等都与前者表现出明显的差别。按照非形式逻辑学家的看法，他们谈论的才是真正的论证。

IFL 正式问世之前，西方逻辑学家谈论的“论证”指的是形式逻辑的论证。而且，该“论证”基本上是指推理[④]，尤其是将它和有效性联系在一起时，这点更为明确。那一时期，人们对这个不知道持续使用了多久的“论证”的所指似乎心知肚明，因而无须区分。然而，IFL 的问世改变了一切。形式逻辑学家关于“论证”的说法受到了非形式逻辑学家的强烈

---

① 参见释印顺《印度之佛教》，中华书局 2011 年版。

② 参见［英］威廉·涅尔、玛莎·涅尔《逻辑学的发展》，张家龙、洪汉鼎译，商务印书馆 1985 年版。

③ 参见［英］苏珊·哈克《逻辑哲学》，罗毅译，张家龙校，商务印书馆 2003 年版。

④ 形式逻辑学家其实有一个与论证契合的术语，即“证明”，但他们还是经常用论证来指推理。

挑战。按照上一节提及的约翰逊的观点，形式逻辑学家从未真正关心过论证，因而只能是 IFL 而不是形式逻辑拥有真正的论证理论。从这个角度上说，形式逻辑学家使用“论证”似乎有点名不副实。虽然不至于因此而取消他们谈论论证的权利，但将论证和推理视为一体的传统做法显然受到了很大的限制。至少在非形式逻辑学家那里，论证和推理被要求严格区分。

（二）比量与推理

实际上，在中国逻辑学界，也经常忽略推理和论证之间的差别。人们大概只有在编写、查阅教科书或百科全书时才对二者做出明确区分，而大多数时候是不大在意这点的。与非形式逻辑运动兴起之前的西方学界一样，中国逻辑学界似乎也未真正关心过如何让论证在实践中充分发挥其作用。在因明学界，情形则有所不同。因明学者对于论证的研究继承了印度因明的传统，主要关注论证在实践中的应用。然而，逻辑的传入很大程度上影响了人们对因明论式原有的观念。譬如，自清末民初起，因明学者一直致力于解释三支论式与三段论的不同，由此产生了不少新说，但基本上都未提及一点，即前者是一种论证式或论辩式而不是推理式，后者是一种推理式而不是论证式或论辩式。人们认为论证与推理有着密切联系的观点无疑是正确的，但这不能作为将二者等同的理由，至少在严格的定义层面上，不能将二者等同。人们以为三支论式和三段论（法）都是针对论证的看法，表面看，是被三段论（法）中的“论”字迷惑所致，深层次的原因则可能是受到西方逻辑传统中对论证和推理不做严格区分的影响。如果我们足够细致，当不难发现视比量为推理的观点与不加区分地使用论证、推理的做法具有一定的共性。譬如，20 世纪 80 年代初，沈剑英关于“比量就是推理”的观点①，得到了不少学者的呼应②。即使到了今天，该观点似乎依然存在着影响。

看来，本书得将约翰逊的观点再推进一步，即形式逻辑学家使用“论证”不仅造成了今天该术语在逻辑领域使用上的混乱，也导致因明学界讨论三支论式时的一个长期误解，即先有将传统三段论法当作论证式的

① 参见沈剑英《论因明之三支比量与简别方法》，《社会科学战线》1980 年第 4 期。

② 例如，罗炤 1981 年给《集量论略解》（陈那造，法尊译编，中国社会科学出版社 1982 年版）所写的“编者说明”中也明确提出“比量即推理”的说法。

观念[1]，后有将三支论式当作推理式的做法。继而，人们甚至直接将比量视为推理。对于最后这点，我们不能以对或错来简单地予以肯定或否定，因为它出现在论证和推理真正能做出明确的区分之前，是从逻辑看因明的历史产物。其实，西方学界也曾出现过这种情形，譬如沙耶尔就曾认为比量所含内容是正理学说中最合逻辑的，但依然含有很多心理的、认识论的成分（见第四章第三节）。这显然也是从逻辑的角度看比量，而且其最终的结论离比量即推理的看法也相差不远。依此而论，在 IFL 出现之前，从推理的角度来看比量，并且将二者视为彼此的对应物是中外部分学者的共同点。

当然，这并不意味着我们今天还应该接受这种观点。如前文所指出的，将比量等同于推理如同将三支论式当成推理式或将三段论当成论证式，将会带来一定程度上的含混。相反，如果将比量与推理区分，将因明论式与三段论推理式区分，则我们大可不必再在因明论式和三段论的"次第"问题上长篇大论了，也不用再将因明论式或三段论倒转过来比较了，因为它们本来就不是相同的东西。[2] 然而，问题还没有结束，对于比量我们还需要做出进一步的解释和说明，以确知它和推理之间的本质区别已经使得彼此作为对应物已经不大合适了。

在玄奘的译籍里，"二论"中早有关于比量的知识。总体上说，"二论"中的大部分内容是围绕比量展开的，现量在其中只是一个配角。例如，陈那在《因明正理门论本》篇首即道明其造论的主要目的在于立破。那么，立破的对象是什么，如何立破？笼统地说，立破的对象是比量，立破的工具也是比量。假定这种说法能被人们认同，则比量与立破、立破与论证之间的紧密关系，实际上为比量找到了一种更好的对应物，即论证。而且，这不是形式逻辑学家惯常使用的由"推理"异化而来的"论证"，而是非形式逻辑学家论域中的"论证"。为了将它与形式逻辑学家讨论的"论证"区分开来，后文将称之为非形式论证。若以此为出发点，则可围绕比量和论证进行如下的比较。

（三）比量与非形式论证

假如没有出现 IFL，自然就没有它与 CHH 之间的比较，我们或许也

---

① 本书所说的三段论除了特别注明外，都指传统的三段论而非亚里士多德三段论。后文不再说明。

② 如果此处的区分有意义，那就有必要做点补充说明。即约翰逊对于形式逻辑学家的批评固然对于本书提出这个观点是一个很大的鼓励，但该观点并非受他启发的结果。

不会去深究比量与论证的关系，因为类似于沙耶尔的逻辑学家已经告诉我们足够多的知识。然而，如前文所析，IFL 的出现使得一切情形都发生了改变。我们不得不重新审视比量和论证的关系，以此为起点去探讨因明与非形式逻辑的关系。实际上，当我们将非形式论证而不是推理视为比量更好的对应物时，还没有将二者进行真正的对比。这种观点之所以得以形成，不得不说是拜形式逻辑学家所赐。尽管他们未能建立一个真正的论证理论，却为我们提供了一个论证概念，以及与之相关的论题、论据、论式之类可供借鉴的东西。不过，在接下来要进行的比较方面，我们不能指望他们帮上太多。更准确地说，形式逻辑在这种场合基本上是作为配角出现。

1. 论证的结构——论式

将论证的结构视为论式是否妥当的问题是可以讨论的，但本书打算先不做区分地使用它们，然后在遇到实际困难时再做分析。

首先需要指出的是，在《因明正理门论本》的开篇即有“此多言于论式说明能立”之语[①]，这说明“论式”一词早就出现在汉传因明体系中，它并非近现代西学东渐的产物，也非从日本体系转译过来的舶来品，而是玄奘翻译的结果，或者说是他再创作的产物。如此，我们有了一个谈论论式的良好基础。

“宗因喻”是三支论式结构最概括的表达，在汉传因明体系中已经有一些比较固定的解释，这对于因明学者来说是不言而喻的。近现代学者认为，因相当于三段论的小前提，喻相当于大前提，宗则相当于结论（或断案）。这显然是逻辑第三次传入中国后，三支论式与三段论法相比较的产物。依照前文的分析，三段论法实际上是推理式，只不过被形式逻辑学家当作论证式看待而已。因此，上述比较并不能反映非形式逻辑学家的观点。但形式逻辑学家的贡献在于，倒转三段论这种推理式即可将一般的论式结构确定为：“论题—小前提—大前提”。这与三支论式的基本结构（“宗—因—喻”）是非常相似的。如果我们承认“二喻即因”的观点，则因明论式的基本结构还可以进一步简化为：“宗—因”。与之相对应，西方逻辑的论证结构也可进一步简化为：“论题—前提”。不过，因明论式中的喻实际上只有其中的喻体部分在西方论式中可以找到对应物（前

① ［印度］陈那：《因明正理门论本》，载《大藏经》，（唐）玄奘译，第 32 册，第 1 页。

提)，喻依则否。从历代学者曾反复强调因明的特异性来看，喻依的存在是不容忽略的。[①] 如此，则可认为三支论式与形式逻辑的论式都是一种线式结构，但前者比后者多了喻依这个成分。

对于这种同异性的比较，非形式逻辑学家应该是不会反对的。然而，他们显然并不满足于形式逻辑提供的这个论式。在 IFL 的著作里，我们发现了更精细的论式或论证模式。例如，图尔敏（Stephen Toulmin）就为我们展现了一种基于法律论辩考虑的论证模式：

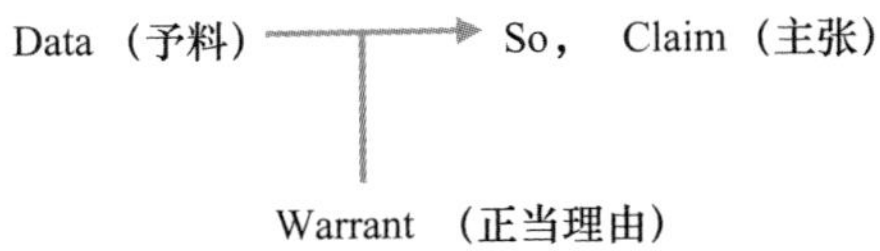

图 5－1

很明显，即便是这种最简单的图式结构，也要比前面的那种线式结构复杂。而且我们看到，图尔敏增添支援、模态限定以及反驳三个因素后，其论式变得更完善，但也更复杂。这种不惜牺牲论式简洁性的做法，最终的目的不过是适应灵活多变的法庭论辩。[②] 那么，是否所有的非形式逻辑学家都采用这种论证模式呢？并非如此。图尔敏的论证模式虽然很著名，却不能涵盖所有的非形式论证的图式。关于这方面的情况，可参照约翰逊、布莱尔在《二十世纪的非形式逻辑》中对论证的分析。[③]

总体上说，在论证的结构方面，与因明的比量相比，非形式论证展现出更复杂的程度。因明的论式经历过从五支到三支再到二支的变化，在应用上，因明的比量式或论证式有着更为悠久的历史，经历过更多的实践检验，从而表现得更稳定和成熟。

2. 构建和评估

(1) 构建原则

与非形式论证相比，因明在比量方面的理论和方法显得更为成熟和稳定。它不仅展现出非常丰富的内涵，也展现出诸多个性。例如，为自比量与为他比量的区分，显示出因明比量在功能上的不同分工：前者主要用于自悟，后

① 此说只限于法称之前的因明。

② 参见武宏志《论证的图尔敏模式》，《华南师范大学学报》（社会科学版）2003 年第 5 期。

③ 参见 Johnson，Blair，"Informal Logic in the twentieth century"，in Douglas Wolton and Alan-Brinton，eds.，*Historical Foundations of Informal Logic*，Ashgate Publishing Ltd，1997。

者则体现出悟他的功能。很明显，所谓自悟、悟他的说法反映出了因明的佛教本色，是一种历史产物。从知识论的角度看，这种具有宗教特色的说法似乎也能给我们启迪。再来看为他比量的情形。在汉传因明的体系中，比量被区分为自比量、他比量以及共比量三种。在这方面，沈剑英做了深入研究，其基本观点为：自比量功在自立，相当于能立；他比量功在破他，相当于能破；共比量既可自立亦可破他，能立与能破的功能双具。[①]

在汉传因明中，建立一个比量需要满足若干的条件，或者说构建一个正确的论式需要符合一些基本的原则或原理。大致情况是，因明为论式提供了相应的证成原理和论辩原则。对于前者，笼统地说，因明一般以满足因三相的因作为正因，并以此为出发点来证成宗。从论式的角度看，因支和喻支的确定依赖于因三相。具体而言，宗支遵循“违他顺己”或“随自意乐”的原则；因支由因的第一相确定；喻支中的喻体依赖于因的后二相，而其内部结构的组织则由“说因宗所随，宗无因不有”所规定。[②]喻依则显示出因明论式迥异于逻辑论式之处。它们的存在（尤其是同喻依），历来被因明学者视为最能体现陈那因明论式的个性特征。另外，以现代观点看，因明以概念间的外遍充和内遍充关系来确定和解释论式的结构，这无疑是因明论证理论方面的一大亮点。

因明论式更多地被应用于论辩的场合，该实践品性决定了它的构建需要满足一些论辩的原则或规则。以能立能破功能双具的共比量而言，“共许极成”成为这类论式的构建原则，它可视为一个基于公共论辩的规则。以属于共比量的三支论式为例，该规则主要提出了两方面的要求：除宗支外，其余二支之成立至少要得到立敌双方的认可，各支分中的成分（宗有法、所立法、因法、喻依）亦然。所谓认可，指的是在表达的内容真否、所包含的事物同否等问题上至少立敌双方要达成一致意见。[③] 需要注意的是，主体的共许在此处才是第一要素，至于主体认可的真是否是实然真的问题，则只能居于第二位，有时甚至不予考虑。而且，该共许规则与形式逻辑、IFL 谈论的语用学都可建立一定的联系，但从使用自然语言、

---

① 参见沈剑英《论因明之三种比量与简别方法》，《社会科学战线》1980 年第 4 期。此处由笔者整理的观点不一定为作者所认可，如有不当处，概由笔者负责。

② 参见《因明正理门论本》（陈那造，《大藏经》，玄奘译，第 32 册）第 8 颂言。

③ 此处亦可从逻辑的角度来以词项（或概念）、命题（或判断）之类的术语来分析，但从因明本义上来分析似乎更好些。

对语用因素的强调和具体的研究方面，该因明规则显然与 IFL 有更多的共性。如第二章第三节中指出的，沈剑英曾尝试着从语用、语义方面对因明进行研究。此处讨论的因明规则所含有的语用要素印证了他的研究思路是可行的。王克喜尝试比较中国古代的逻辑与非形式逻辑的关系，指出前者的“发生发展不是以形式逻辑的形态为其表现形式，而是以具有和古代汉语本质特征相一致的非形式逻辑的形态作为自己的表现形式”[①]，这对于我们揭示古汉语形态下的汉传因明的语用要素有很大的启示作用。

再来看 IFL 中的非形式论证。相比于因明，IFL 对于论式的建立要遵循哪些规则的问题，至今尚难找到确切的答案。而且，这类规则似乎更多地体现在对论证的评估方面。

（2）评估标准

一个论证的好坏如何评定的问题，实际上涉及论证的评估标准。在这方面，IFL 与 CHH 具有的一些共性都异于形式逻辑对有效性、可靠性等方面的强调。二者都看重论证的实用性。例如在论辩的场合，它们强调从实际出发，最大限度地利用论辩规则战胜或说服对手。在公共论辩的场合，都能利用一些论辩规则以外的一些因素，希望既能折服对手又能打动第三方（主持论辩者以及观众）。譬如 IFL 考虑修辞的效果，CHH 诉诸权威等。从论辩的角度看，二者似乎都会认同一个能达到战胜或说服目的的论证就是一个好的论证或有用的论证。然而，实际情形要比上面的陈述要复杂得多。尤其是在比较二者的差异时，这点更明显。

在 CHH 中，依据组织论式的原则去判定一个论证是否是正确的，似乎已经成为论证评估的主要标准。上述的证成原理以及论辩规则都属于这种标准。在这方面，CHH 中的“二论”为我们提供了大量的反例，即违反那些标准的例子。以陈那的因明体系为例，过类主要产生于建立三支论式的过程中，它们或者违背证成原理，或者违背论辩规则，或者违背诸如世间常识、自教教义等。如此产生的“过”可分为宗过、因过和喻过三大类，再细分则达 29 种，后来商羯罗主、法称在此基础上或增或删而为 33 种。

毫无疑问，因明中的所谓“过”或“过类”揭示的正是那些错误论证的具体形态，它们集中展现了论证评价的主要结果。概括地讲，CHH

① 王克喜：《从古代汉语透视中国古代的非形式逻辑》，《云南社会科学》2006 年第 4 期。

对“过”不厌其烦地进行分类和解释，初级目标不过是通过强化论式构建所应遵守的主要原则，使建构的论式免于错误；中级目标是成功地立破，更高一级的目标是自悟、悟他。从大乘佛教的角度看，终极的目标则是众生的解脱。显然，过类作为 CHH 中奇特的论式评估标准并非局限于好与坏。中外很多学者都曾非常关注因明中的过类，也做过相当多的研究。他们的结论大致可概括为：与西方的谬误理论相比，过类理论不仅在许多方面独具特色，而且由于经历了漫长的历史过程，其理论更趋完整和成熟。本书只能就它作为论证评价的一种标准做一般性的介绍，更深入的探讨则只能另文再论了。

再来看 IFL 中的标准。“谬误”是非形式逻辑学家更经常使用的术语，谬误理论在某种程度上被他们解读为免于谬误的理论。如何判断论证中的谬误实际涉及评价标准的问题。我们可以通过约翰逊和布莱尔对三个标准的介绍来了解这方面的情形。[①]

第一，相干性标准。首先，关于前提与结论的相干性，目前还没有一个可被广泛接受的解释。这并不令人奇怪，因为相干性直到最近才受到非形式逻辑学家的关注。格莱斯（Grice）（1975 年）的解释没有提供任何理论的启示，斯佩贝尔（Sperber）和威尔逊（Wilson）（1986 年）给出了一个迄今为止最明确的解释，但它并不解决有关证明相干性的本质问题。其次，它遭到了反对，即充分性预设了相干性：若前提满足充分性要求，则它们必须是相干的。这是真的，但相干性是一种独立的要求，因为某些与论证有关的问题明显在相干性方面是失败的。例如，稻草人与红鲱鱼。

第二，充分性标准。在这三个标准中，这个标准是迄今为止受到最少的持续讨论。不用说，没有人真的相信会有一个关于充分性的算子将永远可用。前提是否为结论提供充分证据的问题有三个方面。（1）所呈现的证据类型合适吗？（2）在每一种类型内，所提供的那种类型的证据足够吗？（3）论证者处理那种合适的反对或反驳吗？

第三，可接受性标准。该标准是非形式逻辑学家针对传统领域中关于可靠性的真值要求的一种对应物。在这方面有影响的是汉布林，他认为对

① 参见 Johnson, Blair, “Informal Logic in the twentieth century”, in Douglas Wolton and Alan-Brinton, eds., *Historical Foundations of Informal Logic*, Ashgate Publishing Ltd, 1997。

于那些指定了听众、语境以及场所的论证来说，真值要求不是一个合适的标准。因为它要么太强（谁能确信真值?），要么又太弱（它应该是已知的事实）。许多非形式逻辑学家采用可接受性作为一种要求，但约翰逊（1990 年）对它提出质疑。他认为任何解释可接受性都是有问题的，而且在任何实例中它都是一个太弱的标准。

即便上述描述很有限，我们也能很明显地感觉到 CHH 与 IFL 在论证评价标准方面的差异。前者虽然得到更充分的发展，但其含有的宗教因子在一定程度上影响了其科学性；后者起步很晚，但形式逻辑为其提供的平台以及现代科学的理论背景等都为其发展创造了一个很好的发展条件。建立这三个标准以及围绕它们所做的讨论，与现代科学探讨的情形非常相近。因此，IFL 的论证评价标准的起点实际上很高，其发展前景非常值得期待。

三　CHH 与 IFL 之间的可能联动

尽管我们目前对于 IFL 还不能给出一个很确定的解释，但对它与 CHH 在发生发展、研究对象等层面上的同异性比较依然暗示出二者在未来发展上的可能联动。所谓联动，无非是说二者互为研究对象，并互相促进。

从 CHH 的角度看，IFL 尽管是一个新生事物，但它在起始阶段就已经展现出很多与前者相近的品性。譬如，前者长期以来在自然语言情境中发生、发展的过程，与后者强调自然语言远离形式语言的理念很自然地产生了联系。再如 IFL 视论证为主要的研究对象、重视论证的语用因素等，与长期坚持以立破为中心的 CHH 之间也有着天然的亲近感。当然，这只是为二者的接近提供了一些必要的条件。如果 IFL 不能为 CHH 的发展提供足够的动力，则前者即使含有与后者再多的相似，也不会引起汉传因明学界的注意。实际情形是一些新理论和新方法的出现不仅极大地促进了 IFL 的发展，而且也为 CHH 的发展提供了很好的参考。例如，谬误理论、论证分析理论等将有助于我们对 CHH 中的过类、论式等做出更科学的分析和解释。

从 IFL 的角度看，CHH 无疑是一个发展很成功的体系。以论证体系为例，CHH 从理论到应用、评估等，已经形成一套比较成熟的体系。例如因三相、九句因、遍充关系等为三支论式的构建、应用和评估提供了很好的理论支持。这相当于为 IFL 的发展提供了一个现成的模板。另外，对于西方背景下发展起来的 IFL 来说，CHH 中共许极成，简别语的使用，有体无体以及自、他、共比量等西方体系中所缺少的东西，无疑提供了新的理论启示。

总之，随着 CHH、IFL 之间更多的交流、互动，彼此共同发展是可能的，也是值得期待的。

第六章

国外因明研究的逻辑学范例

在印度，逻辑从未发展成为一门清晰的学问，而是植根于认识论中。印度逻辑的根源可以追溯至两个截然不同的传统——吠陀（vāda）和量（pramāṇa）的传统。前者建立起用于论辩的论证学问，后者将推理看作一种关于世界的可靠知识的来源。

印度推理理论在西方人的心中激起了两种截然相反的对立情感。一方面，我们发现人们致力于将印度“逻辑”翻译为像三段论或一阶谓词演算的形式逻辑；另一方面，我们看到大意为印度逻辑根本不是逻辑的陈述或主张。然而，这样两派人都在很狭义地解读“逻辑”。对他们来说，“逻辑”意味着关于推理的形式演绎理论，即一种以“后承关系”及其性质为中心的理论。然而，我们将这些推理理论视为逻辑是因为它们是人类推断的理论，能够告诉我们如何将坏的论证与好的论证、不可接受的论证与可接受的论证区分开来。

因为印度的推理理论已经嵌入了认识论的东西，因而它发展出某些在西方逻辑中找不到的独有的特征。第一，除了保真方面，一种推理还必须有给真的方面。那就是，对于作为一种认知方法的推理，结论由前提推出是不够的，结论还必须是真的。这样一种推理理论被期望能制定有效性/协调性的条件和可靠性条件。在西方形式逻辑中，有效性条件绝不依赖真值的或可靠性条件。因此，一个推理能够得到一个真的结论而不是有效的，一个推理可能是有效的，却不产生一个真的结论。在一个形式系统中，能发展出一种与语义无关的语法或语形。因此，在西方形式逻辑中，在制定了所有的语法规则以及得到所有的语法结果后，对语义的思考才被引入。通过完全性和可靠性两个元逻辑定理，逻辑系统中的语法和语义之间的联系得以建立。但在印度的推理理论中，语法总是和语义保持着联系。因为推理作为被认可的认知世界的来源，仅有有效性是不够的。可靠性以及认知的进步也被要求得到保证。此外，在印度的推理理论中，一个推理的有效性/非有效性的概念通常预设了许多背景信息，而且经常基本上取决于它们。这一立场的两个必要推论是：（1）一个推理的组成不能含有像重言式这样的零信息内容；（2）一个推理的有效性不能与可靠性脱钩。因此，一个推理是有效的仅当它能产生一个真的结论。

第二，作为一种认知过程的推理认可因果关系的分析（因果分析）。在印度推理理论中，我们发现如何由大量的认知状态推理结果以及关于什么条件能产生认知确定性的很详尽的讨论。这里，前提和结论之间的关系不被看作一种抽象的逻辑关系，而是一种因果序列的“心理—认知”关系。因此，根据一种确定性知识的机器来理解，推理的必然性是人类的认知过程，它是包含逻辑思维的一种代表模式。因此，我们发现心理学进入了逻辑的领域。然而，印度逻辑系统并没有遭遇“心理主义”的指责，因为参与因果过程的心理学条件不是任何个人独有的，而是所有推理者都具有的。

第三，所有印度逻辑学家采用了一种基于语法的逻辑分析模式，而在西方逻辑中，使用的是这种“几何—数学”模式。但有趣的是，这种基于语法的模式已导致正理学派（Naiyāyikas）具有数理逻辑学家的洞见。他们将一般句子理解为含有两个谓词，但不是以传统亚里士多德的方式。即便如此，由于这种逻辑与认知主体不可分割的关系，因而它从未被认为在科学事业中有用。

第四，西方形式逻辑是外延的。印度逻辑已被说过基本上是关于性质的逻辑，因而也是内涵逻辑。但印度逻辑学家的所谓“性质”有点不同于它在英语中的意义。这里，“性质”这个词项指称任何处所，居于一个位点的一个抽象性质或具体对象。因此印度逻辑中的这种基本复合物并不是直接的“主—谓”式命题，而是一种特别模式的梵语句，例如，“a 具有 f 性”。但是，“a 具有 f 性”这种形式的句子能轻易地和“a 是 f”形式的句子联系起来，外延地解读这种关于性质的逻辑是可能的。

第五，在近段时间里，关于印度哲学家是否认可命题以及什么被当作真值承担者的问题，有了很多的争论。尽管尚未达成普遍共识，但我们认为情景认知的内容最适合作真值承担者。印度逻辑学家一般将认知内容视为指向一个复杂对象而非一个事实的一种关系复合体。

第六，尽管潜存于不同逻辑系统中的本体论和认识论的承诺相异，而且争议集中于一个推理成分的数字上，但每个系统至少认可三种推理成分。它们是所立、因和宗。从以下几个部分将会很清楚地看到，印度逻辑系统基本上是词项逻辑的，但本质上不同于三段论。但有趣的是，有片段显示他们所谓命题联结词或语句——形成算子的阐释，其中各种否定成为最复杂的讨论主题。印度逻辑学家针对缺省和差别所做出的精致区分以及他们对双重否定律所提出的不同解读，正受到现代逻辑学家和计算机科学家的欣赏。

第七，印度的推理理论不能齐整地分类为标准意义上的演绎或归纳。事实上，古印度逻辑学家曾尝试制定人类的一般推理条件。他们曾试图确定什么条件才能保证一个由已知到未知的推理跳跃。正如 Sarkar（1997）正确指出的：

> 印度逻辑学家曾经关心的既不是一个演绎的形式理论或三段论推理的发展问题，也不是如我们现在所理解的归纳问题，甚至也不是如何将这两者调制成合意的鸡尾酒的问题。他们真正的兴趣聚焦于挑选正确的推测基础以及建立适当规则来区分可推测的和不可推测的性质问题。因此，印度逻辑理论主要是一种充分证据的理论，但它们还可以被视为非单调推理的系统，这种推理正被用于现代计算机对人类实际的推理程序的模拟。①

笼统而言，从逻辑的角度看，印度逻辑包括了佛教逻辑；从因明的角度看，因明相当于佛教逻辑。尽管这依然是一个有争议的说法，但“佛教逻辑”成了东西方交流的一个主要术语，这已经成为一个事实。因而我们判定，国外学者在印度逻辑名下所做的研究与中国学者所做的因明研究有交集，这也是一个事实。或许有人认为，从外延上看，印度逻辑实际上包含了因明。如此，则前面的交集之说并不恰当。客观地说，这种说法并非没有道理。但考虑到因明的外延呈现出不断扩大的趋势，以及中国学者在不同时段的研究所展现的不同特点，尤其是中国因明的古典研究方面的

① Mohanty, Chatterjee, “Indian Logic”, *The Development of Modern Logic*, edited by Leila Haaparanta, published by Oxford University Press, 2009, p. 905.

独特性，故本书不以印度逻辑包含因明的说法来界定二者的关系。

因此，本章标题中“国外因明”的实际所指，狭义上相当于佛教逻辑，广义上则相当于印度逻辑。后者不过是说，因明（汉传因明）的外延最终可能扩至与印度逻辑同一。实际上，我们在第一章就可以找到这一说法的依据。鉴于此，下文所论实际上相当于因明的国外研究。

第一节　印度逻辑研究的先驱

一　科尔布鲁克对印度逻辑的“重大发现”

学界的一般看法是，印度逻辑对欧洲产生重大影响始于 19 世纪末，随着印度逻辑思想的逐渐蔓延，西方学者诸如逻辑只诞生于西方的一些传统观念逐渐被证明是错误的。在西方学者看来，这种变化肇始于东方学的先驱、数学家科尔布鲁克（Colebrooke）于 1824 年的一次学术报告。在那次有众多知名学者参加的会议上，科尔布鲁克报告了他的新发现，即在印度有一种关于因的科学。按照逻辑学界的说法，科尔布鲁克实际上在向西方人介绍他对印度逻辑的首次发现。更具体地说，他第一次向欧洲哲学家展现了来自印度的一些材料，表明印度人也有与西方哲学的希腊创建者类似的思想和理论。他不仅第一次展示了关于印度人在推理方面的知识的“发现”，并且使用“三段论”这个术语来描述它。①

毋庸置疑，西方人正是通过科尔布鲁克的介绍了解了印度的理性主义思想［譬如乔达摩（Gautama）的《正理经》中的思想］。更确切地说，人们是通过他的《印度哲学：正理及胜论系统》认识到印度人的理性思想。按照盖恩瑞（Ganeri）的说法，该书成为此后五十年西方关于印度哲学或逻辑研究的标准参考书。②

自那以后，缪勒（Müller）（1853 年）、朗德尔（Nandle）（1924 年）、舍尔巴茨基（Stcherbatsky）（1931 年）、沙耶尔（Schayer）（1932—1933 年）等学者开始对印度逻辑进行越来越深入的研究。无疑，这些研究都直接或间接地受到过科尔布鲁克的影响。因此，即便我们不考虑那些

① 印度逻辑或印度哲学的“三段论”（syllogism）之说可能最早由科尔布鲁克开始。

② 参见 Ganeri，“Introduction：Indian logic and the Colonization of Reason”，in Jonardon Ganeri ed.，*Indian Logic*，published by Cuzon Press，2001。

涉及具体问题的研究，科尔布鲁克作为先驱者的贡献也是巨大的。实际上，今天的学界对于科尔布鲁克的肯定主要也是源于这点。

二 印度逻辑史学家：维迪耶布萨那

对西方学界来说，维迪耶布萨那（Vidyabhusana）是最早引起他们注意的印度逻辑学者之一，人们主要通过其代表作《印度逻辑史》（*A History of India Logic*）（1921 年）了解来自印度本土的研究。一方面，这部著作明显受到了西方理论的影响，表现出很浓的西方色彩，从逻辑角度看则带有很浓的亚里士多德的逻辑色彩。或许正是基于此，他的著作引起了西方人的共鸣，因而在西方学界产生过很大的影响。另一方面，他是印度本土学者的代表，因而其著作受到关注的范围并不局限于西方，在中国和日本等东方国家同样有很多学者注意到了他的著作。这点不难从那些评论或引用过其观点的众多著作中找到依据。从其著作发表的时间以及产生的影响来看，将其视为近代印度逻辑本土研究的先驱是恰当的。毫无疑问，先驱者之名亦足以显示其不朽的贡献。

然而，与科尔布鲁克稍有不同的是，维迪耶布萨那的研究曾先后受到过来自东、西方学界的批评。譬如，斯塔尔（Staal）曾站在逻辑的角度批评说，维迪耶布萨那作为印度逻辑的第一个历史学家，总是戴着一种亚里士多德逻辑的有色眼镜来看待印度逻辑。与其同时代的其他学者一样，他对于亚里士多德并不熟悉，而是熟悉那种被称为“传统逻辑”的逻辑，是对亚里士多德逻辑进行提炼的一种混合物，只不过增添了许多别的盘子中的剩余物而已。[①] 尽管他的观点有一定的道理，但他说得还不够准确或不够具体，假如他看过沙耶尔的著作的话，他或许会将其说法换为维迪耶布萨那总戴着那副冒牌的“亚里士多德三段论”眼镜来看印度逻辑。不过，这种批评总显得过于尖锐。相对而言，吕澂的批评就温和得多，他实际上是站在因明的角度来评价维迪耶布萨那的观点的。譬如，他曾针对《印度逻辑史》中关于陈那的《因轮论》的议论指出，“以为此论尽列因喻相关之九式，剖解真似，由图而明云云。此于论议犹未罄洽”[②]。

---

① 参见 J. F. Staal, “The Concept of Pakṣa in Indian Logic”, in Jonardon Ganeri ed., *Indian Logic*, published by Cuzon Press, 2001。

② 吕澂：《因轮论图解》，《吕澂佛学论著选集》（一），齐鲁书社 1991 年版，第 170 页。

全面准确地评价维迪耶布萨那，既非本书之目的，亦非本书所能胜任之事。因而，以如下的方式来结束我们对他的评论或许是恰当的：维迪耶布萨那是近现代能从正反两方面对学界予以启发的为数不多的学者之一。

第二节 舍尔巴茨基的《佛教逻辑》

《佛教逻辑》是舍尔巴茨基一生中最后一部呕心沥血之作，它出版于1930—1932年。[①] 约二十年之后，英文版的《佛教逻辑》（*Buddhist Logic*, *Vol. II*）方才进入中国学者的视野，而且仅限于少数的学者。吕澂就是这为数不多的学者之一，而且他很可能是最先关注并引用过舍尔巴茨基观点的中国学者（见其1954、1956年的文章）。[②] 直至1997年《佛教逻辑》的中译本发行后，舍尔巴茨基的学说才被更多的中国学者了解。[③] 因此，中国学者对其著作的研究起步较晚（相对于西方学者自不待言，即使相比于日本学者也是如此）。对于这部早已赢得国际声誉的经典之作，直到现在我们也没有拿出足够分量的研究成果来，那就很难让人淡定了。之所以如此，主要有两方面的原因。一方面，我们对舍尔巴茨基的《佛教逻辑》的研究不够深入、不够全面；另一方面，舍尔巴茨基在书中展现出来的广阔的学术视野、广博的理论知识以及深厚的学术功力等，对于任何一个欲评判其著作的研究者来说，都是一种挑战。基于积小成大、抛砖引玉的愿望，本书依然愿意迎难而上，做些基础性的工作，以加强这类研究。具体而言，本书欲以《佛教逻辑》的中文译本为主，对其中的若干问题做一些尝试性的解析工作。

---

① 参见《佛教逻辑》（舍尔巴茨基著，宋立道、舒晓炜译，2010年）中的“译者说明”，第2页。

② 参见《吕澂佛学论著选集》（四）（吕澂著，齐鲁书社1991年版）中《佛家逻辑——法称的因明说》一文的注解④（第2409页，该处的Stecherbatsky实乃Stcherbatsky之误）以及《略说经部学》（原载于《现代佛学》1955年第12期，1956年1月3日改写）一文中第2393、2398页的两处引论。

③ 郑伟宏认为舍尔巴茨基的某些错误观点被中国学者照搬了半个多世纪，指周文英受其影响尚可，但泛指则过。见《因明百年谁与评说》，《西南民族大学学报》（人文社会科学版）2010年第5期。

一 从“佛教逻辑”到“认识论逻辑”

如果说“佛教”所指称的是一种印度宗教，“逻辑”指称源于西方的以推理、论证为主要研究对象的学问或体系，那么“佛教逻辑”可被认为是一种印度宗教关于推理、论证的学问或体系。对于这种常规的解读方式，舍尔巴茨基显然另有看法。佛教逻辑和佛教这种印度宗教有关，舍尔巴茨基不可能否认这点；但说它是以推理、论证作为主要研究对象，则无疑不会让舍尔巴茨基感到满意。在他看来，更全面、更准确的说法是“佛教逻辑是指公元六世纪至七世纪产生于印度的逻辑和认识论体系。其创立者系陈那和法称两位佛学大师”①。同西方体系相比较，这是一种很奇特的体系，因为“它是逻辑，但不是亚里士多德的逻辑；是认识论，但又不是康德的认识论”②。从其内容特点来看，也可以更简洁地说，这就是一种“认识论逻辑体系”③。如果从更高的层面上看，甚至还可更宽泛地说，这就是一种“哲学体系”或“观念体系”④。

上面的表述中，“认识论逻辑”的说法对于舍尔巴茨基来说，无疑是深获其心的。理由是：（1）它含有“关于论证形式的理论”，故称其为逻辑；（2）它“包括了人类的整个认识领域——从最基本的感觉活动到极为复杂的论辩术”⑤，故称其为认识论。如果这两条理由都切合实际，那么我们的确可以认为“佛教逻辑就是一种认识论逻辑”。毋庸置疑，西方人更容易接受这种说法，而舍尔巴茨基选择这种表述方式也确实是针对西方读者群而言的。⑥

然而，在印度的佛教徒那里，这种体系常常被称为“逻辑理由的理论”，或者“正确认识来源的理论”，或者更简单地称为“正确认识的量度”。⑦ 在中国佛学家或学者（如汉传一系的学者）那里，习惯性的表述

① ［俄］舍尔巴茨基：《佛教逻辑》，宋立道、舒晓炜译，商务印书馆 2010 年版，第 5 页（上页码，后面所引此书者皆指其上页码，不再重复）。

② ［俄］舍尔巴茨基：《佛教逻辑》，宋立道、舒晓炜译，第 3 页。

③ ［俄］舍尔巴茨基：《佛教逻辑》，宋立道、舒晓炜译，第 6 页。

④ ［俄］舍尔巴茨基：《佛教逻辑》，宋立道、舒晓炜译，第 660 页。

⑤ ［俄］舍尔巴茨基：《佛教逻辑》，宋立道、舒晓炜译，第 5 页。

⑥ ［俄］舍尔巴茨基：《佛教逻辑》，宋立道、舒晓炜译，第 4 页。

⑦ ［俄］舍尔巴茨基：《佛教逻辑》，宋立道、舒晓炜译，第 6 页。

是“因论”“量论”“正智的启示”。[①] 但这些都未影响到舍尔巴茨基的选择，他显然更乐意使用“认识论逻辑”，而不是别的。当然，印度的和中国的说法在舍尔巴茨基进一步阐述“认识论逻辑”时，依然可以作比较或参照之用。表面看，在西方将“佛教逻辑”称为“认识论逻辑”与在东方将之称为“因论”“量论”只是表述方式的不同而已，过于纠缠于此似无必要。但名称的意义和意谓问题曾经是西方哲学界、语言学界和逻辑学界的热门话题，它似乎在提醒我们，对于舍尔巴茨基所使用的“认识论逻辑”之类的术语或名称，做进一步的探讨是必要的。

我们的确可以再向前推进一步。当舍尔巴茨基将“佛教逻辑”解读为“认识论逻辑”时，我们似乎可以认为他这种做法相当于将二者的关系界定为同一（性）关系。倘若如此，则其更简洁的表达方式是：“佛教逻辑 = 认识论逻辑”。这相当于“a = b”的一种实例形式。按照弗雷格的意见，“具有 a = b 形式的句子常常十分有意义地扩展了我们的认识”[②]。那么，我们由此似可认为，舍尔巴茨基的上述解读，扩展了我们对于佛教逻辑（陈那、法称体系）的认识，即它既是认识论的，也是逻辑的。而且，我们可以将这种观念延伸到对“认识论”“逻辑”的分别解读上，从而进一步扩展我们关于佛教逻辑的知识。事实上，舍尔巴茨基的确是这样做的。因此，当我们看到舍尔巴茨基沿着认识论和逻辑两个方向将其研究向前拓展时，用不着感到意外。

二　关于两种逻辑体系相似性的比较问题

舍尔巴茨基坚称其向西方学者介绍《佛教逻辑》的“主要目的在于比较两种逻辑体系的相似性，而不是比较估量二者的价值”[③]。由此，我们注意到舍尔巴茨基的基本思路立足于比较，这或许可以成为某些学者将其列为“一般比较逻辑学派”的一个正面证据。[④] 当然，我们更应该关注其对于相似性的强调。在《佛教逻辑》中，从第二部分“可感知的世界”

---

① ［俄］舍尔巴茨基：《佛教逻辑》，宋立道、舒晓炜译，第 6 页的下注③④⑤。

② ［德］弗雷格：《论意义和意谓》，《弗雷格哲学论著选辑》，王路译，商务印书馆 1994 年版，第 90 页。

③ ［俄］舍尔巴茨基：《佛教逻辑》，宋立道、舒晓炜译，“前言”第 4 页。

④ ［日］武邑尚邦：《佛教逻辑学之研究》，顺真、何放译，中华书局 2010 年版，“译者序言”第 3 页。

到第五部分“外部世界的真实性”，几乎每一章中都留有一小节专门展示“欧洲的类似理论”。这说明舍尔巴茨基非常重视对两种体系相似性的比较，而且他似乎想借此表明两点：第一，佛教逻辑是一个具有丰富内涵、在多个层面上与西方理论有交集的体系；第二，印度体系和欧洲体系之间的这种相似性实质上是跨越肤色、语言和地域的人类共性的一种体现。由此可以说，东、西方是相通的。这或许是舍尔巴茨基欲说而未说的东西。

值得特别指出的是，舍尔巴茨基为了达到其目的，搭建了一个巨大的舞台：来自西方不同时代的哲学家（如赫拉克利特、柏拉图、康德、莱布尼茨、黑格尔、柏格森等）、逻辑学家（如亚里士多德、J. S. 穆勒、罗素、施瓦特、A. 培恩等）、心理学家（冯特、詹姆斯、马赫等）都陆续登场，他们用各式语言、各自的理论分别与来自东方的佛学大师们及其他派别的贤哲们展开热烈对话。与西方阵容相比，佛教方面除了陈那、法称、法上这几个主角外，还有龙树、世亲、无著、寂护、莲花戒、宗喀巴等印、藏佛教大师，加上作为配角的印度其他教派的代表人物，阵容也相当庞大。这场气势宏大的对话活动的设计、组织和策划等工作都由舍尔巴茨基一人承担，此种情形实属罕见。在佛教逻辑的研究史上，似乎未见到别的学者有舍尔巴茨基这样的大手笔。在这点上，我们不该吝啬自己的赞美词，因为他确实配得上它们。

然而，针对这种对话（比较）模式，批评的声音也不绝于耳。有人就曾指出，舍尔巴茨基“多以亚里士多德的形式逻辑、康德的先验逻辑等为解释范式，实施欧洲哲学逻辑学向‘古典量论’的映射，由是完全被曲解了的陈那几乎就竟然成了近代的康德”[①]。虽然这种批评显得过于严厉，但确实有一定的道理。而且，这种批评绝非单纯指向舍尔巴茨基。对于任何欲研究异域文化的学者来说，这都是一种警示。然而，陈那真的被舍尔巴茨基“完全曲解”了吗？陈那是否真被解读成了康德？该批评者并未给出具体的证明，这对于舍尔巴茨基是不公平的。然而，宋立道、舒晓炜在《佛教逻辑》的“译者说明”中曾指出舍尔巴茨基“认为陈那的认识论体系与康德哲学有惊人的相似，所以倾向于多用康德的术语”，这是有利于批评者的说明。此外，在《佛教逻辑》中，的确有些现象令

① ［日］武邑尚邦：《佛教逻辑学之研究》，顺真、何放译，中华书局2010年版，“译者序言”第3页。

人惊讶。例如，法称说："同一性是当主词自身单独足以作演绎时，推演一谓词的理由。即是说，当谓词为主词之一部分时，可以推出（该谓词）的理由。"[①] 当作为虔诚佛教徒的法称说出"同一性""主词""谓词""演绎"之类的词语时，给人以穿越时空的错觉，即法称是东方的佛教徒，又仿佛是西方的语言学家或者是逻辑学家。类似的错觉也发生在法上等人身上。如果批评者以此为据认为舍尔巴茨基歪曲了陈那、法称等人的见解，那么我们就得承认这种批评是有道理的。无论如何，"曲解"总是令人难以接受的，对被批评者如此，对批评者亦如此。既然这样，批评者当然也得接受反问：什么样的解读方式才不会被认为是曲解？西方人对东方理论（或者相反）的解读怎样才能避免曲解？舍尔巴茨基究竟在多大程度上曲解了陈那？等等。这些问题无疑是有意义的，但解答它们却非本书的目的。

舍尔巴茨基的本意或许只是想真实展现印欧体系（即佛教逻辑和欧洲理论）之间的相似性，至于由于自身知识背景及个人偏好所带来的"歪曲"恐非其所能完全把握的。尽管这不能为其确有的"歪曲"减免责任，但评判他在这方面的工作时，为公平起见，似乎应该考虑这些。

三　关于因三相的解读问题

"因三相"是因明中的一个重要术语，因三相原理或理论在因明中具有极其重要的地位。东方人（如印度人、中国人、日本人等）早就意识到了这点，而且形成了比较系统的观点。这方面，中国高僧大德和民间学者的观点无疑具有相当的权威性，因而理应受到更多的关注。值得注意的是，西方学者对于由印度高僧直接传入后经本土僧侣发展形成的藏传因明一系的观点并不陌生，而他们中的绝大多数对于中国最早形成的由玄奘所开创的汉传因明一系的观点并不熟知。

以舍尔巴茨基为例，他无疑知道汉传因明学派的存在，而且也知道该学派传承和传播方面的部分历史[②]，但他对于该学派理论的研究并无深入（尽管他是语言天才，但他依然无法利用第一手的汉文资料）。这是我们分析舍尔巴茨基学术观点时需要特别强调的一点。另外，还需注意，对于

---

① ［俄］舍尔巴茨基：《佛教逻辑》，宋立道、舒晓炜译，第 299 页。

② 参见［俄］舍尔巴茨基《佛教逻辑》，宋立道、舒晓炜译，商务印书馆 2010 年版。

因三相理论的理解，舍尔巴茨基所依靠的解释工具是西方理论（认识论和逻辑）。尽管他主观上未必有强解或歪解原典的想法，但实际情形却往往违背其本意。具体出现了什么样的情形，还得从其具体内容说起。

在“理由的三个方面（因三相）”[①] 一节和“为他比量（三段论式）”[②] 一章中，舍尔巴茨基就因三相的认识论内涵、具体内容（表述方式和解释）、在为他比量中的作用及其表现形式（三支论式）等方面展开了集中的讨论。那么，他试图如何来解读因三相理论？具体又是如何解读的呢？

舍尔巴茨基认为，如果从佛教的基本观念和西方认识论出发，则现量和比量可以理解为我们获取可靠知识的两种基本手段，也可以说是我们知识的两种重要来源。二者之中，前者是直接的、可感知的、可靠的；后者则是间接的、构造性的，其可靠性依赖于前者。尽管这种说法显得笼统，但确实体现了舍尔巴茨基的基本观点及其将现量和比量纳入西方认识论逻辑解释体系的企图。这种企图在对因三相等重要术语做具体解读时展露无遗。

在舍尔巴茨基看来，比量包含了我们进行推理判断的逻辑理由。例如，由“有烟”推断“有火”，烟的存在成为确定火存在的一个理由（或原因）。这种理由（或原因）是否正当的判定标准有三个，这就是舍尔巴茨基所谓的“理由的三个方面”[③]，它相当于我们所熟悉的因的三相。舍尔巴茨基认为这种正当性的说明显示了感觉判断和推理判断之间具有显著差别的特征，而且在这两种判断的场合中，认识总是二分的。具体而言，认识活动总是将对象二分为相似者和相异者，它们相当于因明学界所谓的“同品”和“异品”。再进一步，认识总是依据契合差异法[④]来展开活动，即它与相似者（同品）契合，与相异者（异品）差异。舍尔巴茨基试图说明，因三相中的第二、三相的内容是有其认识论基础的。在这一点上，我们应该承认其观点的独特，而且有其合理性。然而，如果舍尔巴茨基所引用的“契合差异法”源于穆勒，那么他在此处的应用是否契合于穆勒的理论？这是值得怀疑的。

① ［俄］舍尔巴茨基：《佛教逻辑》，宋立道、舒晓炜译，第288—293页。
② ［俄］舍尔巴茨基：《佛教逻辑》，宋立道、舒晓炜译，第327—379页。
③ ［俄］舍尔巴茨基：《佛教逻辑》，宋立道、舒晓炜译，第288页。
④ 此处说法似乎源自归纳逻辑学家穆勒的因果理论。

假如说认识活动会本能地将对象二分为同品和异品的话，那么对于同品和异品的含义又该如何界定呢？在这一点上，舍尔巴茨基沿用了法上的说法，但表述方式则带有浓郁的舍氏风格（至少在中文译本中如此）的表述。于是，我们看到在法上的陈述中竟然出现主词、谓词、称谓、共相一般、自相个别等表述，这无论如何是令人惊讶的。然而，如果暂且搁置这些奇特的术语以及个别地方不大严谨的表述不论，我们还是应该承认，舍尔巴茨基对因三相在推理中的作用、同品与异品的界定、因三相各相的基本内容等是明了的。而当他将因（指词项而非命题）与主词的联系区别于它和同品、异品之间的联系时，他对因三相内容的理解是有相当深度的。此外，他根据法上的说法得出"一个个别谓词绝不能进入比量推理过程的结论"[①] 时，他敏锐地意识到在比量推理中单独词项应该被拒斥，原因在于它会导致缺无同品的现象，而这是无法证成论题的。这种说法无疑是正确的。而当他指出法称表述因三相使用了小品词以及将"必然的"一词加入每一相中时，他对法称的表述的分析是非常细致的。

然而，舍尔巴茨基对于因三相的表述仍然有不精确甚至错误的地方。例如，"它（因三相，笔者注）相当于亚里士多德三段论的小、大前提及其结论"这样的陈述是很成问题的。从现代逻辑的角度看，因三相包含三个命题，由玄奘翻译为：（1）遍是宗法性；（2）同品定有性；（3）异品遍无性。整体上看，这是确定因是否为正因的三个条件，或者说是判定论证过程中论式（如三支论式）是否正确的三条标准。如果笼统一点说，因三相是一个包含三个命题的判定规则。但即使再含糊的表述也不能将之与三段论中的小、大前提以及结论相混淆。假如一定要将之和亚里士多德的三段论理论进行比较的话，那也只能说它相当于判定三段论式是否正确的三段论规则。显然，舍尔巴茨基的错误在于将因三相、三支论式、三段论规则、三段论式混为一谈了。由于先有了这种含混，因而引发了后续的一系列不当的表述。除此之外，郑伟宏认为舍尔巴茨基在因三相问题上混淆了世亲、陈那、法称之间的差异，误将法称的因三相当作陈那的，进而从因的后二相等值出发，错误地认为陈那三支相当于亚里士多德三段论的第一格和第二格，等等。[②] 这些评述是否恰当呢？由于这些问题牵涉到烦

① ［俄］舍尔巴茨基：《佛教逻辑》，宋立道、舒晓炜译，第 290 页。

② 参见郑伟宏《汉传佛教因明研究》，中华书局 2007 年版。

琐的考证，当另文讨论。

四 结语

“佛教逻辑”的说法在中国学界流行，恐怕主要归功于舍尔巴茨基。而当舍尔巴茨基将其解释为“认识论逻辑”时，至少“认识论”的说法被相当多的中国学者认可。因为中国学者的研究也认为，佛教逻辑中认识论成分占据了相当大的分量，从这个意义上说，舍尔巴茨基只是在中国学者之前将之提出而已。而当舍尔巴茨基从逻辑的角度将因明中因三相理论、三支论式等与亚里士多德的三段论理论进行对比时，其所提出的关于三支论式逻辑性质的看法（即关于演绎或归纳的判定），的确启发了中国学者的思路，虽然未必完全同意他的观点。这都是舍尔巴茨基给中国学界带来的正面影响，或者说是中国学界所认可的贡献。然而，舍尔巴茨基的观点有其局限性。例如，从现代逻辑的角度看，舍尔巴茨基的逻辑观主要是建立在亚里士多德开创的演绎逻辑（三段论理论）、由弗朗西斯·培根所创建的归纳逻辑（穆勒的理论被舍氏看重）以及至今尚未能正名的黑格尔的辩证逻辑的基础上的。具体而言，亚里士多德、康德、黑格尔、穆勒以及中国学界并不熟悉的逻辑学家施瓦特的观点被其经常引用。显然，舍尔巴茨基的逻辑观中并不包括1879年由弗雷格开创的现代逻辑的新观念，即便他提到罗素，也只是引用其认识论或哲学方面的观点，这是其逻辑观方面的局限。此外，其著作中也有不少认识论或逻辑方面的错误。但客观而言，舍尔巴茨基试图沿认识论和逻辑两个方向来解读陈那和法称体系，由此导致一些曲解，这不能完全归责于他。用一种体系解读另一种体系，不管它们之间客观上存在多少相似性，也不管解读者持着如何客观严谨的态度，总是会有一些无法克服的曲解。从这个角度看，我们似乎应该对舍尔巴茨基更多些宽容。

第三节 沙耶尔视野下的印度逻辑

自人们从逻辑的角度考察印度的正理或因明起，三段论法就被当作首选的工具。在这一点上，东、西方表现得相当一致，而且在很长一段时期内，它一直是一种主流的研究形式。然而，这是一种什么样的三段论，人们并未深究。譬如，关于它是指亚里士多德的三段论还是之后所谓传统的三段论的问题，人们似乎很不清楚。在这方面，东、西方的学者表现得也相当一致。正如前面谈及中国学者在这方面的误解一样，本部分将主要通过沙耶尔的批评来了解之前学者在这方面研究的通病，甚至还包括之后的类似误解。

一　亚里士多德的三段论与五支论式

在近现代的西方学者中，无论是从逻辑的角度，还是从梵语原本语言学研究的角度看，沙耶尔对于印度逻辑的研究都具有非常高的水平。而且，他的一些观点或思想甚至比他的结论还要重要。反对他或者支持他的学者都能从其研究中获益，这点是肯定无疑的。因此，东方学者（如印度、中国、日本的学者）很少提及他，这是令人奇怪的。是他的数理逻辑妨碍了人们对其著作的理解，还是他的批评过于尖锐?[①] 不管是什么，不了解他的研究一定是一种遗憾。尤其是对于中国学者来说，更是如此。

在20世纪30年代初，沙耶尔连续发表了两篇论文，分别是《印度逻辑研究》（1932—1933年）[②] 和《关于正理的研究方法》（1933年）[③]。这两篇论文向人们展现了沙耶尔对如何研究印度逻辑的一些思考，也展现了他是如何以现代数理逻辑的视角去审视之前的相关研究的，以及如何将现代逻辑巧妙地结合梵语语法进行一种综合性的研究。与中国学者相似的是，他的研究模式可概括为两种，即比较模式以及解读或阐释的模式。接下来，我们将以这两篇论文中三段论式的比较为中心探讨沙耶尔的一些独具特色的观点和若干结论。基本的处理程序则是：先尽可能简洁地陈述沙耶尔的研究及其主要结论，然后做出本书认为的适度评价。

（一）亚里士多德三段论的解读问题

将印度逻辑直接与西方的三段论进行比较，是早在沙耶尔之前西方学

---

① 就逻辑观而言，盖恩瑞将科尔布鲁克归为印度逻辑的形式主义解读者是恰当的。参见 “Introduction: Indian logic and the Colonization of Reason”, in Jonardon Ganeri ed., *Indian Logic*, published by Cuzon Press, 2001。

② 参见 Schayer, “Studies in Indian logic, translated by Joerg Tuske”, in Jonardon Ganeri ed., *Indian Logic*, published by Cuzon Press, 2001。

③ 参见 Schayer, “on the method of research into Nyāya”, translated by Joerg Tuske, in Jonardon Ganeri ed., *Indian Logic*, published by Cuzon Press, 2001。

界的一种通行做法。譬如，缪勒的“On Indian Logic”[①]、朗德尔的“A note on the Indian Syllogism”[②] 等。这些学者的一个共同点都是不加怀疑地使用三段论，而且大都认为自己使用的是亚里士多德的三段论。在沙耶尔看来，他们都犯有拉达克里希南（Radhakrishnan）和舍尔巴茨基那样的错误，即并不认识亚里士多德三段论的真实面目。显然，这将导致与印度逻辑对比时所得结论的可靠性。基于此，沙耶尔特别指出：印度论式和亚里士多德的三段论是相似还是不同的问题，对亚里士多德三段论理论的正确理解是解答它的前提条件。[③]

按照他的理解，亚里士多德的三段论包含如下要义：第一，它并非如康德所声明的那样，是一个完全的理论，恰恰相反，它只是一个理论片段，即现代名词演算的古老形式[④]；第二，空名（如龟毛）和个体名（如苏格拉底）不能由变项 S，M 和 P 替代[⑤]；第三，亚里士多德在《前分析篇》中建立起来的真实三段论是一个复合命题而非三个命题，即由 SAM、MAP 的合取作前件 SAP 作后件构成的蕴涵命题。

（二）印度三段论与亚里士多德的三段论的主要区别[⑥]

沙耶尔认为，只有正确理解了亚里士多德的三段论，真正的 Barbara 模式与印度范式之间的一些基本差异才会很自然地呈现出来。[⑦]

1. 印度论式不是一个逻辑定理，而是两个推理规则的复合物。

由上文可知，亚里士多德的三段论式实际上是一个逻辑定理。更确切

---

① 参见 Max Müller，“On Indian Logic”，in Jonardon Ganeri ed.，*Indian Logic*，published by Cuzon Press，2001。

② 参见 Nandle，“A note on the Indian Syllogism”，in Jonardon Ganeri ed.，*Indian Logic*，published by Cuzon Press，2001。

③ 参见 Schayer，“Studies in Indian logic”，translated by Joerg Tuske，in Jonardon Ganeri ed.，*Indian Logic*，published by Cuzon Press，2001。拉达克里希南说：“正理派将 Barbara 视为所有三段论推理的典型。”舍尔巴茨基认为：“在最后的三支中，如果我们把它的第一个图示例，我们将得到一个严格的亚里士多德的三段论。”

④ 沙耶尔的英语译著中的原语是 nominal caculus，现代逻辑更常见的表示则是词项演算（term caculus）。有可能是英译者之误，亦可能它的确表达了沙耶尔的原语之义。参见 Schayer，“Studies in Indian logic”，translated by Joerg Tuske，in Jonardon Ganeri ed.，*Indian Logic*，published by Cuzon Press，2001。

⑤ 在这点上，巫寿康所谓三段论不能处理主词不存在命题的观点与此相似。参见《〈因明正理门论〉研究》，生活·读书·新知三联书店 1994 年版。

⑥ 沙耶尔的“印度三段论”并不是一个很恰当的说法，因此后文一律换成“印度论式”。

⑦ 参见 Schayer，“Studies in Indian logic”，translated by Joerg Tuske，in Jonardon Ganeri ed.，*Indian Logic*，published by Cuzon Press，2001。

地说，它是由一个蕴涵式表示的逻辑定理。然而，印度论式则与此完全不同，它实际包含两个推理规则。

（1）合（upanaya）规则——相当于现代的代入规则

例如，在“有烟处有火”中，待定的“yatra yatra”被允许代以具体的值“此山”（宗）。更一般地说，“对所有的 x，若于 x 处有烟，则于 x 处有火”可转变为“若在 a 处有烟，则在 a 处有火”，这相当于（x）$\varphi_x \rightarrow \psi_x$转变为 $\varphi_a \rightarrow \psi_a$。值得注意的是，这种公式转换在印度实例中未得到明确，因为印度逻辑并不关心一个证明的完全性；然而，词语“tathā cāyam”在这一步中足够清晰地予以了暗示。

（2）结（nigamana）规则——相当于现代的分离规则

它允许我们将已建立的“因”（hetu）$=\varphi_a$与蕴涵式 $\varphi_a \rightarrow \psi_a$（由“合”规则得到）通过“结”规则得到所立（sādhya）（即ψ_a）。譬如，由“此山有烟”和“若有烟处，则有火”通过“结”规则得到“此山有火”。

2. 印度论式中的宗因喻不同于亚里士多德三段论中的三词项

由这种关于印度术语源于分析的精确解释，我们得到了重要的线索。宗是一种替换 φ_x和ψ_x中 x 的名字 a 的变项。这种替换的一个前提条件是“因在宗中出现”。若将其翻译为西方符号形式，则指那个 a（此山），是类似于 φ_x出现在蕴涵式 $\varphi_x \rightarrow \psi_x$中的命题函项 φ 的变项。因被视为真命题 φ_a，所立（sādhya）是由我们根据“结”规则推理得到的ψ_a。由此则一切都很显然，即有关印度证明的三个元素因宗喻与亚里士多德三段论的三个词项并不一样。

3. 印度论式并不具有亚里士多德那样的命题形式

亚里士多德的三段论是由命题建立起来的，而且只是那些 SAP、SEP、SIP 和 SOP 命题。印度论式并不局限于这种形式的表达式。除“yo yo dhūmavān，so so vabnimān”（“有烟之物亦有火”）这种公式化表述外，文中频繁使用的公式化表述是“有烟处有火”。这两种变体并不等价，因为附加词 asti 在其中一个是系词，而在另一个中则有动词“存在”的意义。“yatra，yatra……”这种句子结构排除了向如下任何一种方式的归约：或者是真正亚里士多德的，或者是“传统的”三段论。

4. 印度论式中论题的主词不同于亚里士多德三段论

亚里士多德三段论的三个词项 S、M 和 P 都是通名，或者说它们是关于类的名。无论如何，它们都不是个体名称。与之相比，印度三段论中诸如“此山”的个体可以作为一个论题（如宗）的主词出现。不过，陈那增加了一个限制，该限制的意思并不十分清楚，大意是说按照该限制，个体必须属于一个类。如此则有所立（sādhya）能被表述为“S ∈ P” = “S 是类 P 中的一个元素”的情形。这对应于由单一词项进行的传统推理。然而，按照真正的亚里士多德三段论法，公式化表述“S ∈ P”和“SAP”绝不是等价的。以后的欧洲逻辑有一些尝试，即将个体名解释为类的名，即只有一个元素的类的名。我们不能用这种观点来解释印度论式，主要原因在于印度哲学家自己明确拒斥这种观点。乌德衍那（Udayana）曾用以清除一个类（jātibādnaka）的概念的第一个理由就是“个体的独一无二性”：以太只是作为样本存在，因而它没有一个诤论（jāti）。

实际上，上述四个方面的差异还可以更简洁地表示如下①：

亚里士多德三段论与印度论式对比表

亚里士多德三段论	印度论式
由一个条件句构成的逻辑定理	推理规则的复合
只由 SAP、SEP、SIP、SOP 形式的陈述组成	由 asti 在其中有时作系词“是”有时作谓词意义上的“存在”的陈述组成
建立在两个归纳分类的蕴涵基础上：SAM ∧ MAP → SAP	建立在两个陈述的蕴涵基础上：∀x（φx→ψx）/φa → ψa
变项 S、M 和 P 一定不是个体名词	变项 a 是（在佛教逻辑中它一定是）一个个体名词

显然，上述比较足以表明印度三段论和亚里士多德三段论之间存在着明显的不同，因而任何强求二者一致的做法都是错误的。而且，那些认为亚里士多德三段论或传统三段论能为印度逻辑提供合适基础的看法也是不恰当的。这就是沙耶尔通过比较研究后得出的主要结论。

首先，我们应该承认盖瑞恩对沙耶尔的评价是准确的，后者的确如其

① 为了便于理解，此处将沙耶尔原来的表述转换为表格的方式，且将其原有的一些符号进行了更换。参见 Schayer，“on the method of research into Nyāya”，translated by Joerg Tuske，in Jonardon Ganeri ed.，*Indian Logic*，published by Cuzon Press，2001。

所说是一个敏锐的逻辑学家，也是一个很有才华的印度学家。[①] 因为他不仅指出了当时学界对亚里士多德逻辑理解不准确的通病，而且很敏锐地抓住了二者之间在一些关键点上的区别。尤其值得肯定的是，当他以符号逻辑的眼光看待印度逻辑时，并没有古今不分地苛求，而是秉持一种比较客观的态度。其次，当他将正理或古因明论式中的“合”和“结”理解为形式逻辑的代入规则和分离规则时，的确表现出其符号逻辑触角的敏锐性。[②] 此外，从卢卡西维茨那里继承而来的形式化思想，被他很好地应用到了印度逻辑的具体分析中。这不仅在当时是很超前的做法，即使与今天诸多的同类研究比较也并未过时。最后，要特别指出的是，沙耶尔结合梵语语法的符号逻辑分析，是当时许多学者做不到的，即便到了现在也是如此。或者受限于对梵语的不了解，或者由于所掌握的还只是传统的逻辑工具。

然而，我们也要看到沙耶尔在对印度逻辑三段论的一些做法以及解读上也有值得商榷的地方。譬如，“印度三段论”的说法实在不是一个很好的术语，至少不如中国体系中的术语那样恰当。后者以五支作法（论式）、三支作法（论式）很好地区分了正理或古因明论式和新因明论式，而“印度三段论”则没有这种功能。尽管沙耶尔的这种说法可能是从科尔布鲁克等先驱那里继承而来的，但他显然没有考虑过这种表述所带来的问题。那么，沙耶尔所谓的“印度三段论”指的是什么呢？从其对“合”“结”规则的陈述来看，该术语指的是五支论式。但从其被用以和亚里士多德三段论比较来看，指的是印度论式或正理论式或新因明论式，甚至可以笼统地指向比量式。此外，关于“变项 a 是（在佛教逻辑中它一定是）一个个体名词”的说法也不完全符合事实。从他引用的例子看，其结论主要来自“此山有火（或有烟）”这样的例子。该实例只是我们现在从古籍中所能找到的诸多例子中的一种，其代表性是有限的。例如，“声是所作”中的“声”如果仅视为个体名词，则不大合乎我们的一般理解，至少在汉传因明学界基本上不是将其当作个体名词来处理的。因此，沙耶尔

① 参见 Ganeri，“Introduction：Indian logic and the Colonization of Reason”，in Jonardon Ganeri ed.，*Indian Logic*，published by Cuzon Press，2001。

② 类似的观点在张忠义、张家龙合著的论文中亦出现过，只不过后者并未提出“规则”之说，而是试图从逻辑形式上来比较因明的三支论式与外设三段论之间的差别。参见张忠义、张家龙《从现代逻辑观点看印度新因明三支论式》，《哲学研究》2008 年第 1 期。

的理解是有误的。从他只讨论五支论式的情形来看，他对印度逻辑或因明的了解还不是那么全面，至少可认为陈那、法称的学说对他来说是陌生的，这正是其局限所在。

二 命题逻辑的古印度预期

对于正理文献是否含有命题理论碎片的问题，沙耶尔认为在印度不太可能发现一种等值于 Chrysippian 辩证法的逻辑理论。主要有两个方面的原因：第一，印度人从未达到希腊逻辑的水平；第二，不仅按照印度语言的“名词风格”，而且按照以 - *tva* 和 - *tā* 抽象表达每个命题的可能性，要区分“命题”和“名词”都显得特别困难。① 尽管如此，沙耶尔还是相信在印度能找到命题逻辑的萌芽及其前科学预期。他主要通过分析如下一些实例来证明这一点。

1. 《论事》中的命题逻辑因子

暗示某些命题演算定理知识的最古老的印度文本是《论事》(*Kathāvatthu*)，该书作者丹瑞藏昂（Shwe Zang Aung）提出如下的命题：“如果 A 是 B，那么 C 是 D；但 C 不是 D；因此 A 不是 B”。显然，该公式等值于斯多葛的假言命题否定后件式（modus tollendo tollens）。然而，丹瑞藏昂并不如此说，而是通过对名词变项的不必要引入，错误地认为我们正在处理四个词项 A、B、C 和 D 之间的关系。事实上，在《论事》中，逻辑运算的元素显然不是名词变项而是命题变项，这意味着整个讨论按照如下模式进行：

> 小乘论者（Theravādin）：那个 P 是真的吗？
> 对手：是真的。[$\vdash p$]
> 小乘论者：那个 q 是真的吗？
> 敌者：不是真的。($\sim q$)
> 小乘论者：承认这种反驳。
> （1）如果那个 p 为真，则那个 q 为真，即 $p \rightarrow q$，
> （2）p 真 q 假的断定是假的，即$\sim(p \wedge \sim q)$，

① 参见 Schayer，“on the method of research into Nyāya”，translated by Joerg Tuske，in Jonardon Ganeri ed.，*Indian Logic*，published by Cuzon Press，2001。

（3）如果那个 q 不真，那么那个 p 不真，即 $\sim q\rightarrow\sim p$。

（4）p 真 q 假的断定为假，即 $\sim(p\wedge\sim q)$。

《论事》的作者依赖的就是那四个陈述，尽管他毫无疑问有这种观点，但他没有以同样的方式明确地说出下列论题被认为是等值的：$(p\rightarrow q)$、$\sim(p\wedge\sim q)$ 以及 $(\sim q\rightarrow\sim p)$。等值式 $(p\rightarrow q)\equiv\sim(p\wedge\sim q)$ 作为“蕴涵的定义”而为逻辑学家所熟知。等值式 $(p\rightarrow q)\equiv(\sim q\rightarrow\sim p)$ 是一个重要的换位律。我们可以相信，《论事》的作者很可能知道有这两种规律（或法则）。

另外，觉音（Buddhaghoṣa）对上述情形所做的评论含有有趣的细节。例如，觉音称由前提 $p\rightarrow q$ 得出的结论是“直言的”（anuloma），而称来自前提 $\sim q\rightarrow\sim p$ 的结论为“逆否的”（patiloma）。觉音是如此解释这个“直言的”模式的：“因为对你来说，在第一个论题被许可之处，第二个论题未被许可；然而，未被许可的第二个论题不能和第一个（已被许可的论题）合在一起；基于这个原因，犯了这样的错误后，你得承认这点。”觉音的解释能回溯到以下列模式表达的定理：$p/\sim q\wedge\sim q\rightarrow\sim p$ = “若 p 和 $\sim q$ 不协调，而且若 q 不真，则 p 不真”。必须指出的是，在该评论中，建立这种不协调性是为了用以描述这个原始文本中的论题 $(p\rightarrow q)$、$(\sim q\rightarrow\sim p)$ 以及 $\sim(p\wedge\sim q)$。这表明，觉音知道那三个论题：“p 与 $\sim q$ 不协调”，“如果 p 那么 q”以及“p 和 $\sim q$ 等值，那不是真的”。

2. 中观宗的反证法[①]

这种反证法的三段论是那种关于科学讨论的常规工具，即由对手的论题演绎出结果，证明这些结果是假的，进而得出前提自身为假的结论。在那个学术合成时代，这种间接证明的类型被称为思择（tarka）。然而，关于思择的思想被明确提及，并非仅仅来自敌者（或对手）的否定性批评，还包括立者为自身论题所做的正面的断定。原则上，这只有在人们认识到从论题“‘S 是 P’为假”演绎出“‘S 不是 P’为真”的可能性时，才是可能的。在印度，这个问题是一场有趣争论（或辩论）的原因。

---

① 西方学者关注龙树的《中论》中的“四句破”，或许是在意大利学者杜芝（Ducci）将陈那之前的一些佛典的汉译本翻译过去之后的事。除了沙耶尔外，在阿密塔·查特吉的著作《佛教逻辑》中，我们也看到类似的分析。参见“Buddhist Logic”, edited by Leila Haaparanta, Published by Oxford University Press, The Development of Modern Logic, 2009。

这种争论源于中观宗（Mādhyamikas）对间接证明方法的反对。认识的唯一绝对的标准是神秘的直觉，游离的思想通过定义是有缺陷的、被误导的（vikalpa = avidyā）。然而，这种对现实主义逻辑的拒斥，并不排除一种纯粹否定的辩证法的可能性，它减少每个论断的谬论，从概念建构的信念中解放精神。这种辩证法拒绝从~(S 是 P）到（S 是~P）的转换，因为它拒绝那种观点，即能被谓述的对象都具有真实性。一个人不能说一个石女的儿子，不管他是黑人还是非黑人。按照中观宗的看法，因为每一对象就像“石女的儿子”那样非真实，因此所有思维和判断都追溯到第四重的否定：~p 和~(~p）和~(p∧~p）和~[~p∧~(~p)]。这意味着只有形式为“那个 T 不是真的”的否定论题才是真的，这种形式的论题只是否定论题 T 而不因此断定其反论题~T 的真值。中观宗着重强调一个否定辩证法的这些特质。这是中观宗的元逻辑和思择方法之间的主要差别。

显然，中观宗的这些思想是令人印象深刻的。沙耶尔对此评价也很高：这些方面的由命题否定到谓词否定的转换的可靠性依赖于这个物体的真实性，这个洞见是一个重要的逻辑发现。对于印度人的思维来说，这种逻辑问题被提出以及联系形而上学问题来回答，这是很典型的。逻辑和形而上学之间的关系在印度与在古希腊一样亲密。[①]

需要指出的是，沙耶尔明显带着数理逻辑的眼光来看待印度逻辑，因而其分析或处理方式明显是数理逻辑的特征。这并没有什么不妥，甚至还带来一种别的方式很难有的清晰。问题的关键或许还在于，他以西方逻辑的标准来断定那一时期的印度逻辑还只是处于命题逻辑形成的前期，那么，这种结论究竟有多大的适用范围？另外一点也是应该质疑的，即沙耶尔形式化处理的那些对象究竟是什么？或者说，~p、（p→q）、（~q→~p）等命题形式从何而来？这个问题的实质在于，我们该如何理解沙耶尔所谓印度还没有命题逻辑的含义。

三　从现代逻辑的角度看印度逻辑

一般而言，逻辑观决定了研究的范围、方式及过程，也决定了最终的结论。毫无疑问，沙耶尔从卢卡西维茨那里继承的正是那种典型的数理逻

① 参见 Schayer，“on the method of research into Nyāya”，translated by Joerg Tuske，in Jonardon Ganeri ed.，*Indian Logic*，published by Cuzon Press，2001。

辑观。在他看来，没有符号逻辑方面的知识，深入印度逻辑的历史研究中去是不可想象的。这就意味着他将以这种逻辑的眼光去审视他所接触的印度典籍，去审视那些以传统逻辑研究方式得到的结论，并以这种逻辑的方式去处理印度逻辑问题。正是基于这种观点，他才会试图弄清楚符号逻辑在什么方面至什么程度能导致对印度三段论的一个较深较好的理解。为了解决这个问题，沙耶尔首先将印度典籍中的那些逻辑成分和非逻辑成分区分开来，然后再将传统逻辑换成在他看来更为先进的工具——数理逻辑，以此分析印度逻辑得到更新的结论。

（一）正理学说中的逻辑成分

总的来说，正理学说处理的所有问题中只有比量（anumāna）的内容在现代意义上属于逻辑。而且其中作为思维过程的为自比量（svārtha-anumāna）与作为语言上“为别人”建立结论的为他比量（parārtha-anumāna）之间，也未能如逻辑要求的那样，与认识论和心理学的推测分离开来。之所以这样，是因为印度作者对三段论问题的兴趣不是形式逻辑的。这个任务是从真前提得到真结论，并且那就是为什么关于“论题”（pratijñā）的“解释”“分类”（prasiddhatva）是印度论式的显而易见的前提条件。它是强制性的，为了让听众了解到它的正确性，论式包括所需要的最小成分。对未学者，所有三个元素——宗、因、喻都必须提及；对学过的人，因就足够了。对印度逻辑学家来说，逻辑证明的完全性并不是重要的。纯粹地讨论公式和变项之间的结构关系，而不触及通过断定变项的值由这些公式得到陈述的真和假，这是可能的。然而，印度作者并不清楚这样的事实，甚至在最后的合成时代亦是如此。

对比量理论进行严格的形式处理的另一个困难是，印度逻辑并不以符号语言来陈述它的规律或法则，而是或者以 yo、yatra、vidhi、vacana、artha、vastu 等短语，或者以实例来陈述。与亚里士多德的应用字母的符号系统相比较，印度逻辑不仅在表达方式上存在劣势，而且还为不同的解释留下了空间。当龙树（Nāgārjuna）（*Kārikā*，XIV，5b）说：依和所依之间没有什么区别（yatpratītya ca yat，tasmād anyanopapadyate）时，他意指在一个清晰的公式中可说的东西：（x，y）$xRy \supset \sim(x \neq y)$，即对变项 x、y 的所有的值，如果 x 和 y 有关系，则说 x 不等于 y 就是假的。然而，如此清晰的公式化陈述是一种例外。为了认识到“意译”这种方法是多么复杂和模糊，翻译文本《真理要集》第 340—342 页就足够了。实例的模糊性是一种不同的模糊。对于亚里士多德的三段论来说，说“所有的人都是会死的”和说它的希腊原语原则上似乎都没有什么关系。在“所有的人都是会死的”这个陈述中，只要我们知道什么被当作常项以及什么被当作变项，似乎就是正确的。希腊原语告诉我们在类 A 和 B 之间存在一种包含关系，而且那就是为什么我们知道在句子“所有的人都是会死的”中“人”和“会死的”是变项。在印度论式中，要通过哲学手段识别火在山上的例子中变项指的是山、烟以及火还是“有的地方有烟”“有的地方有火”以及“此山有烟”这样的陈述，这是不清楚也是不容易的。在这里，印度作者是没有什么办法的，因为他们谈到不同解释的可能性，并且他们一般不区分对象和关于该对象的陈述。

综上所述，我们显然不能预设在印度和在希腊存在同样的抽象思维水平。在正理文本中，形式逻辑问题的处理从来没有超越前科学阶段，而且，与亚里士多德三段论相比，印度理论无法以严格的形式术语表达为一个独立的系统或一个不同的更具包容性的系统的片段。

在回答了不能期望从正理的研究中获得现代逻辑知识的问题之后，我们实际上能确定两点。（1）我们从传统哲学逻辑的错误建议中解放自己。（2）我们获得一种客观的、严格科学的衡量手段批判性地理解印度人的成就。

按照康德在《批判》第二版前言中的著名宣言，传统逻辑是一门学科，即“直到现在也没能取得进步，因而似乎是自给自足的和完全的”。根据一个著名的逻辑学家和研究古代逻辑的学者的看法，这是对《工具论》作者的权威的抗议，也是对现代哲学家形式逻辑知识方面的低水平的证词。确实，康德及其后继者所理解的亚里士多德逻辑只是一个被歪曲的虚假的亚里士多德逻辑。对这个逻辑史上最好的学者，包括普兰特（Prantl）在内的人们依然是不熟悉的，他们不知道（i）真正的三段论由一个条件句而非通过“所以”与结论相连的两个前提组成，（ii）在一个真正的三段论中，必须使用一个通名而非个体名称“苏格拉底”代替对象（或主项），以及（iii）亚里士多德逻辑并非一个普遍的和完全的理论而是——不是质疑其历史价值——一个不能令人满意的（或者质量很差的）片段。在此情形下，则并不奇怪印度学家在传统的被误解的三段论中看到了用以解释印度正理问题的唯一基础，即他们将宗因喻这些表达式等同于小项、中项和大项这些词项，而且他们将整个印度三段论视为 Barbara 式的一种风格变体。

现代逻辑摒弃这些错误和误解，它表明逻辑系统的多功能，并将我们的注意力引向印度文本中或者被最聪明的学者忽略的或者被他们认识到但未真正理解的问题。在任何领域中，为了有所发现，人们必须预先知道存在着哪些可能性。如果人们只是知道传统形式中的亚里士多德三段论，那么他（她）将会把整个印度传统只当作亚里士多德的一个类似物。现代逻辑拓宽了人们的眼界。显然，印度文献预见了许多与亚里士多德毫无关系的论断或论题，但也预见了斯多葛辩证法和命题演算。对一般逻辑史而言，批判性地理解这种直观预见是一项重要的初步工作。

（二）印度正理的形式逻辑分析

这触及我们要回答的第二点。逻辑是一门精确的专业性学科，它要求其历史得到更客观的衡量，并被看作关于发现的以及积极向前的历史。在这一方面，它类似于其姐妹学科——数学。为了将印度作者的成就批判性地理解为科学逻辑的预见，印度学家需要“一个可靠的参考点”，由它能看到印度理论的历史，从它也能观察到这种历史。这个“可靠的参考点”只能在现代符号或数理逻辑中找到，如今已成为无可置疑的事实。哲学史学家应该成为裁判员而不是运动员，而如果逻辑史学家对逻辑足够熟悉，那么他可以成为一个裁判员。

那就是为什么我将在最后部分对例子“冒烟的山”给出一个形式逻辑的分析。

如前所说，很难确定印度作者将论式中的元素看作名称还是命题。假如谁想尝试着解决这个问题，他得首先弄清楚印度论式真正是什么，即如何从现代逻辑的观点来理解它。这个问题不难回答。通过一个具体的例子可以最好地证明，现代逻辑的知识中什么东西有益于正理的研究。如果我们不注意两种公式化表述之间十分重要的差别：“有烟之物亦有火”和“有烟处有火”，而且如果只是注意后者，那么我们能将整个例子表示如下：

宗	ψa	此山有火
因	φa	此山有烟
喻	$(x)\,.\,\varphi x \supset \psi x$	对于每一处所 x：如果在 x 有烟，则在 x 有火
合	$\varphi a \supset \psi a$	该规则也适用于 x = a
结	ψa	因该规则适用于 x = a，且 φa 为真，故 ψa 为真

在一个条件句的形式中正确地表示这个证明，我们就可得到下列来自罗素的著名定理“显变项理论”：（x）．$\varphi x \supset \psi x$：φa：．$\supset \psi a$ = 如果对于变项 x 的所有值函项φ蕴涵函项 ψ，那么命题φa 蕴涵 ψa。在我们的例子中，φ = 有烟在……ψ = 有火在……a = 此山。这含有对印度表达式批判性解释的清晰线索：合是一种置换或代入规则，它允许我们将具体的值宗（此山）插入一般规则中以代替不明确的 atra yatra。通过这种运算或操作得到的命题$\varphi a \supset \psi a$ 在印度三段论中并未得到明确的表述，因为印度逻辑并不强调一个证明的完全性。然而，词语 tatha cayam（“这是这样”）足够清晰地暗示了这步。结规则等值于现代的分离规则，它允许我们从通过“合”得到的蕴涵式$\varphi a \supset \psi a$ 中抽离出被认为是真的因 = φa，也允许我们陈述 sādhya = φa 的真值。因和所立（sādhya）都是陈述，宗是一个名字的变项（a 用以替换φx 和 ψx 中的 x）。那个事实 a = 此山是那个在条件句$\varphi x \supset \psi x$ 中以前件出现的同样的式子φ的变项。

这些差别在形式逻辑的意义上都同等重要。然而，第三个差别值得强调，因为它证明宗因喻不同于亚里士多德三段论的三个词项。在印度的例子中，没有诸如归纳分类这种关系的东西，而且借助欧拉圈表示推理的企图必须要拒斥。如果阿塔耶（Athalye）、维迪耶布萨那以及舍尔巴茨基认为印度三段论能追溯到 Barbara 模式，那么这是应当从印度文献中消失的误解。

“预期”指的是“先提出”或者“预先形成”，而且人们不得不坚持这个意思。印度三段论是一种我们由现代逻辑知悉的若干推理形式的“预先形成”。它不是一种“类同”，因为这是预设一种历史发展水平上并不存在的一种相似或至少是一种可比。为了发现个体差异和相似性，我们并不将印度逻辑和现代逻辑进行比较。相反，我们从现代科学逻辑的观点判断印度逻辑，是为了弄清在我们的意义上为什么它是逻辑。我们必须从这个问题开始，因为我们对正理的理解依赖于它。像“印度思维的风格”一样，明确印度个性的特征是另一个任务；但是，它只能是这个结果，而永远不会是研究正理的优势点。

第四节　斯塔尔关于“宗”的研究

印度逻辑的西方研究者中，斯塔尔的独特性不亚于沙耶尔。这首先表现在他对印度逻辑研究所持的观念上。他认为，在研究一种不同于己的文明方面，西方学者总是强加上自己的概念框架，并且带着自己传统的偏见。在这一点上，研究印度逻辑的西方学者以及接受过西方逻辑某些原则的印度学者概莫能外。①

例如，舍尔巴茨基因采纳了康德框架而引起了更大的混乱，因为康德不仅不是一个逻辑学家，甚至其哲学的弱点就在于其对于逻辑的无知。再如，维迪耶布萨那则戴着那副“亚里士多德三段论”的冒牌眼镜看印度逻辑，在斯塔尔看来也是有问题的。值得注意的是，它们不应该仅仅被视为历史轶事。因为维迪耶布萨那以及舍尔巴茨基的偏见在继续影响着西方人对印度逻辑的理解。这清楚地展现在西方语言的文献中，甚至出现像 pakṣa 这样基本的概念。pakṣ*a* 这个术语在印度逻辑自身就被含混地使用，这样的事实进一步强化了该特殊概念的晦涩难懂。

为了将此解释得更加准确一点，斯塔尔使用形式的表达式，但他否认要给印度材料强加一个现代数理逻辑的框架，从而以一种更时髦的偏见代替了前辈们那种亚里士多德以及康德式的偏见。他之所以使用符号，仅仅是因为它们比普通的英语更精确、更不含糊。而且保证引入它们时，不输入任何现代西方逻辑的概念、定理或者理论。接下来，我们将能很快了解他所做的是否如其所声称的。

在印度逻辑中，从来没有单独考虑过一个实体（称作 x），但总认为它正出现在某处（称作 y）。因此，潜存于所有表达式之下的基本关系是那种通用于每个实体与其处所之间的关系。由于这样一种关系将 x 与 y 联系起来，是一种二元关系，因而可以写成：（1）A（x，y）。这可以读作“x 在 y 处出现”，也可解读为“y 是关于 x 的处所”。关系 A 可称为出现关系（occurence relation）。给定这样的关系，则一个推理并非仅是两实体之间的一种关系，而且还是出现在某处的两实体之间的关系。

因此，这种做法是不正确的或者至少是相当粗糙的近似，即将 h（hetu）和 s（sādhya）之间的关系表示为：（2）h→s。

更加恰当的做法是将这种推理关系表示为如类型（1）的两种出现关系之间的关系，即：（3）A（h，p）→A（s，p）。这可读作：“如果 hetu

① 参见 J. F. Staal，“The Concept of Pakṣa in Indian Logic”，in Jonardon Ganeri ed.，*Indian Logic*，published by Cuzon Press，2001。

在 p 处出现，那么 sādhya 在 p 处出现。” 这里，h 和 s 之间发生的这个特殊推理所在的特殊处所 p，就是被称为 pakṣa 的东西。在老套的例子中，hetu 是烟，sādhya 是火，而 pakṣa 则是一座山。如此解释下，则（3）可读作：“如果烟在一座山上出现，则火也出现在那座山上。”

印度逻辑的后期的部分历史就试图将这种表达式概括为这样一种方式，即它们不仅对于具体的 pakṣa 成立，而且对于所有的处所都成立。接下来试图达到的表达式等价于：（4）（x）［A（h，x）→A（s，x）］。它可读为：“对所有的 x，如果 h 于 x 处出现，那么 s 于 x 处出现”；或者：“h 出现时 x 也出现”。维迪耶布萨那用传统逻辑的表达方式分别将 pakṣa、hetu 以及 sādhya 解释为小项、中项以及大项。为了清楚在何种程度上这是正确的，我们将不得不回到亚里士多德。亚里士多德主要考虑的是“x 属于 y”这种形式的句子，它可符号化为：（5）B（x，y）。

一个三段论包含两个（5）这种形式的前提以及由其推出的（5）这种形式的结论。通过替换前提以及结论中的“x”和“y”可以得到不同类型的三段论，三个词项：一个在一个前提和结论中；另一个在另一个前提和结论中；第三个在两个前提中。第三个词项叫作“中项”；另外两个，叫“端项”（extremities）。下面是一个实例，其中 D 是中项，C 和 D 是端项。（6）B（C，所有的 D）。

B（D，所有的 E）

———————————

B（C，所有的 E）

或者：“如果 C 属于所有 D，且 D 属于所有 E，那么 C 属于所有 E。”

关于极点，一个叫作小项，另一个叫作大项。然而，这些词项并非根据它们在形式（6）的三段论中的形式位置来定义的；而是根据它们的外延来定义的，至少在第一格中式这样的。（6）做如下解释时，其意方能得到最好的理解：（7）$E \subset D \subset C$（将原图解读为集合的形式）。这里，E 有最小的外延，是小项；C 有最大的外延，是大项。

倘若我们返回印度逻辑的位置，则为何维迪耶布萨那认为因（hetu）对应于中项已经很显然了：既非因（hetu），也非中项出现在推理的结论中。那就是说，因（hetu）不出现在（3）的右边，即：（8）A（s，p）。而且中项不出现在结论（6）中，即：（9）B（C，所有的 E）。同样清楚为何他认为 pakṣa 以及 sādhya 分别对应于小项和大项：因为（8）或

“sādhya 出现在 pakṣ*a* 处”看起来有点像（9），它似乎表示“大项属于所有的小项”。

但如果我们于此处看得更仔细点，就会发现这些解释只不过是迷茫混乱的结果。第一，在亚里士多德的三段论中，有两个前提和一个结论，三个都具有同样的形式，即（5）。第二，在印度推理中，只有一个前提，即 A（h，p），而且由因（hetu）到 pakṣa 和由 sādhya 到 pakṣa 的两个关系总是同样的关系，即出现关系 A。由（6）所阐明的这个特殊三段论与（3）所展现的印度推理的一般形式之间，有着一种完全是表面的以及偶然的相似性。亚里士多德逻辑以及随之而来的传统逻辑中的这三个词项，都属于同样的类型。第三，印度的 pakṣa 是完全不同于因（hetu）和所立（sādhya）的一种事物：它只是这种特别的处所（locus），在那里，该因（hetu）和该所立（sādhya）碰巧出现了；尽管它与它的两个词项是不可分的，但在这个推理中它自身并没有起作用。pakṣa 是因（hetu）出现的处所，在那里 sādhya 出现两次，并且寻求成立。差别也可能就是这样形成的。在亚里士多德的三段论中，三个词项总是通过 B（x，y）或“x 属于 y”这样一种关系彼此关联。在印度三段论中有两个词项，h 和 s，彼此之间总是通过“遍及”这种关系相联；另外，h 和 s 都与这个处所 p 相联，但只是通过出现关系 A。

维迪耶布萨那错误的证明和比较几乎为所有后来的印度逻辑解释者重复或依赖。舍尔巴茨基在他的《佛教逻辑》中甚至进一步弄乱了它们，但这是值得区别对待的。一些学者局限于使用小项、中项和大项来表示印度的三个词项，而不指出前面这些词项在西方逻辑中的作用。别的学者采用不同于他们的方式将印度和亚里士多德的系统联系起来，结果陷入更大的混乱。英格尔斯（Ingalls）大概是暗示这些比较并不严密的唯一学者。

现在转向舍尔巴茨基时，我们遇到一种似乎与逻辑没有多大关系的奇特的混合物。尽管舍尔巴茨基的翻译总体上是十分完全的和可靠的，但他的理解和解释总是极其混乱的，而且几乎一直是不清晰的。

商羯罗主的《入正理论》还包含 pakṣa 的另一种用法，这点特别有趣，因为梵语原本的这种含混在中国人的翻译中被解决了。立川正确地翻译了相关的段落，但不得不求助于相当灵活的翻译。在这些上下文中，词项 pakṣa 指的是同品（sapakṣa）和异品（vipakṣa）共同的东西。如果这种词项只是被用来谈论而不是使用的话，那么从词态学（morphological）

的角度看，这自然可以说成 pakṣa。但是，这个如此组成的词项的意义并不对应于在印度逻辑中 pakṣa 那种更加普通的意义。事实上，同品被定义为所立在其中出现的任一处所（any locus）；而异品被定义为所立不在其中出现的任一处所。

Pakṣa 的这种特别意义第一次出现在似因的讨论中，因为它不仅对于同品而且对于异品都是共同的。一个例子是："声是永恒的，因为它是一个有效认知的对象"。此处的因（hetu）是错谬的，"因为作为有效认知对象的性质不仅同于永恒的事物也同于非永恒的事物"。换句话说，因为不仅永恒的而且非永恒的事物能被认知（在正理派的观点里，任何事物都能被认知），所以从声音能被认知这一事实得出它是永恒的结论，这样的结论是不正确的。

中国的翻译者翻译 sapakṣa 和 vipakṣṣa 中的每一个都用两个字的组合（即"同品"和"异品"）。这两对字有一个字是相同的，然而不同于翻译 pakṣa 的字（即都有"品"字，翻译 pakṣa 使用的是"宗"）。这种特别的结构能使中国翻译者避免梵语原本中的含混。因此，在玄奘对题为"因明入正理论"的翻译中，用"宗"译 pakṣa，用"同品"译 sapakṣa，以及用"异品"来译 vipakṣa。但在上面的段落中，翻译"常无常品皆共此因"时，却是用 sapakṣa 和 vipakṣa 的表达式相同的"品"来翻译 pakṣa。

因此，中国人的翻译避免了原本中的这种让人茫然的含混，并且更加充分地表达了它的逻辑结构。这会使得那些人大吃一惊，他们坚持认为中国翻译者不理解梵语原本中的这种比较微妙的点，而只是以一种机械的方式用字来替换词语，这种结果适合于背诵，可能还适合冥想，但对进一步的理性分析却不敏感。至少在这个例子中，玄奘的翻译肯定要强过许多上面提及的现代翻译。

第七章

结论与展望

一　本书的工作及主要结论

百年来针对汉传因明的研究至少有五个范式（即逻辑学、语言学、哲学、史学和宗教学范式），本书侧重于逻辑学范式，即沿逻辑的角度对汉传因明进行研究，这主要基于三个方面的考虑。首先，逻辑学是国内外学者研究因明或佛教逻辑所共同采取的主要工具，具有相当的可比性。其次，该范式尽管影响深远、成果丰硕，但中国学者百年来沿此方向所取得的成就尚不为国外学界所知悉，反之亦然。这在相当程度上阻碍了中外学者的交流。最后，该范式下的研究或者依然有很大的上升空间，譬如形式化研究等，或者虽刚起步却展现出蓬勃发展的势头，譬如沿非形式逻辑方向的研究等。

本书的工作主要针对下列基本问题：（1）什么是汉传因明？（2）1896年至今中国学者在逻辑学范式下主要做了哪些工作？取得了哪些主要成就？有何不足？（3）本书做了哪些新的探索？

具体而言，本书所做的主要工作及基本结论有十个方面。第一，依据可靠资料和信息比较细致地考证了国内学界长期以来不大关注的因明起源问题，针对“因明”及其原语的出处、起始时间、创造者或最初使用者等方面的情况重新进行了考察，根据“因明处”在汉语体系出现的年代谨慎界定了其原语出现的时间范围，并将该信息结合《大唐西域记》中使用“因明”的实际情形确证了“因明”在中国最早的出现。基本结论是：汉语名称“因明”一词最早出现在《大唐西域记》中，正式问世的时间为公元646年，最早的翻译者或使用者是玄奘。“因明处”（简称为“因明”）最早由北凉时期的昙无谶带入汉语体系，其原语的最早出现介于《方便心论》原本的问世时间与公元333年之间。

第二，从多个角度强化了玄奘对于汉传因明的历史性贡献，指出了现代学者对玄奘评价的若干问题，并从进化的角度淡化了玄奘于汉传因明的“过失”。基本结论是：玄奘是汉传因明的创始人，其继承印度传统的因明观对汉传因明以立破为中心的基本格局有极大的影响，其于汉传因明的贡献远大于过失。

第三，比较了两个历史阶段汉传因明的基本形态，重新审视了汉传因明的现有边界，并对其将来可能的发展做了大胆的预期。基本结论是：狭义的汉传因明指的是以玄奘译讲为开端、“二论”为原本、古汉语为载体、立破为重点，主要传播于汉地（即汉族居住区域）的因明。广义的汉传因明指的是以陈那、法称体系为主要研究对象，兼顾陈那之前及法称之后的相关体系，以现代汉语为主要载体，既重立破又重认知（含量论），传播于世界各地的因明。汉传因明发展的最终边界是，与藏传因明、国外因明之间的差异只在于语言而非内容。

第四，结合比较、阐释两种模式以历史发展为线索系统梳理了百年来中国学者在汉传因明逻辑研究方面所做的主要工作，并就他们的功过得失做了阶段性的评价。基本结论：比较与阐释是贯穿启蒙、逻辑转向与全面发展三个时期的两种主要的逻辑研究模式，三支论式与三段论法的比较研究是最基本的内容。陈大齐的研究代表了前两个时期汉传因明逻辑研究的最高水平；巫寿康的研究则率先在逻辑观、逻辑技术等方面实现了新的突破；其他学者的工作则扩充、丰富了此类研究。

第五，在上述工作的基础上，重点讨论了中国学者提出的三个主要学说，即演绎归纳说、归证说和类比说。针对长期争论的除宗有法问题做了比较细致的分析，并提出了自己的看法。基本结论：百年来中国学者针对汉传因明所做的逻辑研究，基本思路是寻找汉传因明中的逻辑因素，研究基点是三段论法与三支论式的同异性比较，传统逻辑向现代逻辑的转换以及由三支论式向因三相、九句因、过类等方面的扩展加深了人们对汉传因明的逻辑性质的理解，三种学说是这方面的典型代表，将因明论式分成归纳和演绎两个过程是前两种学说的共同点，除宗有法思想是近现代中国学者在此类研究中最令人瞩目的成果之一。

演绎归纳说是最具代表性的一种学说，绝大多数学者的观点都与之有着千丝万缕的关系。对该学说的要义最一般的理解是：汉传因明既有演绎的因子，也有归纳的成分。本书将此视为一种狭义上的解读，即所谓演绎兼归纳说。归证说与最大限度类比说依此而被视为与之并列的两种学说。本书之第三章正是基于这种狭义的解读，而分别解读三种学说的。不过，在本书的论域内，还给出了一种广义的解读，将演绎归纳说理解为一种囊括演绎说、归纳说以及演绎兼归纳说的一种学说。在此意义上，演绎归纳说将归证说、类比说也包含其中。

陈大齐着重分析了形成三支论式的归纳过程，首次比较系统地阐述了该过程所涉及的除宗有法思想，将唐疏中提及的同品除宗有法扩展为同异品除宗有法、同异喻依除宗有法等方面。他的思想对后继的学者产生了很大的影响。巫寿康侧重于因明中演绎成分的研究，其最大特点是使用了数理逻辑的技术，重要的观点有：同品除宗有法异品不除，陈那系统能处理主项不存在的命题，第二、八句因的析取被形式证明为与因三相等值。

归证说中的“归溯”过程非常具有启发意义，其与现代人工智能逻辑研究中的溯因推理很相近，这为汉传因明的逻辑研究指明了一个新的方向。

最大限度类比说展现的是郑伟宏较陈大齐更为彻底的除宗有法思想，同异喻体除宗有法的观点由其首次提出，其最大的价值在于提供了一种新的观念和视角。

张忠义的“演绎—归纳—正负类比”说是另一种值得高度关注的学说，在其多篇论文中展现过这方面的思想。譬如《试论因明的三支论式》（1989 年）、《第二相新解》（2007 年）、《从现代逻辑观点看印度新因明三支论式》（2008 年）等。

第六，沿逻辑的角度梳理了国外学者在汉传因明的同类研究上取得的主要成果，着重介绍和评析了西方学者的相关研究。基本结论：相对于中国学者，西方学者更早开启了因明的逻辑研究。舍尔巴茨基所提出的“认识论逻辑”的观点产生了深远的影响；沙耶尔的研究则为人们提供了一个很好的参照物，即展示了一种从现代数理逻辑、梵语语法等多角度研究因明的方法；斯塔尔则为我们展示了一种异于传统的研究方法，即从关系逻辑的角度对因明展开研究；查特吉等人的研究则为我们展现了西方学者对于因明或正理所持有的基本观点。

第七，区分了因明中的汉语变项、梵语原语变项与逻辑变项，揭示了卢卡西维茨强调字母变项重要性的形式化倾向，进一步明确了变项的讨论对于汉传因明形式化的重要意义。基本结论：汉传因明中没有卢卡西维茨语境下的逻辑变项，但含有能担当逻辑角色的汉语语言变项。

第八，阶段性地探讨了汉传因明形式化研究方面的主要成果，并就中国学者沿此方向所做的工作进行了点评。例如，比较客观地评价了巫寿康的研究在汉传因明形式化方面的价值或意义，及其若干不足。结合国外学者的先行研究，简要评析了庄朝晖沿溯因推理方向对汉传因明所做工作的积极意义以及不足，特别强调了其工作对于汉传因明形式化的未来研究方向的引领作用。

第九，针对中国学者的前期工作，尝试性地讨论了汉传因明形式化的可能性和恰当性。基本结论：汉传因明形式化理论上和实践上都是可能的，也是恰当的。它有多种实现形式，其中与溯因推理结合的形式化是最值得期待的一种方向。

第十，就汉传因明与非形式逻辑在论证方面的同异性进行了重点讨论，并就二者未来可能的联动做了简要的预期。基本结论：汉传因明与非形式逻辑在实践品性上表现出很大程度的相近，这是二者之间联动的基石；汉传因明为非形式逻辑提供了一种现实的、成熟的模板，非形式逻辑为汉传因明提供了新的观念、方法和理论。

仅就学术研究而言，本书真正有价值的东西并不一定都会一次性展现，也不一定都如作者所指出的或所预期的那样，但其缺陷却可能第一次就展露无遗。因此，相对于回答有何创新之处的问题，指出本书的不足要更容易一些。若做总评，则上述工作肯定都有其积极的意义。若论其中的创新之处，则包含上述的第一至第三、第五、第七至第十点，共计八个方面。

二 有待继续的工作

限于时间和篇幅，也基于研究重心方面的考虑，本书未能就汉传因明的逻辑研究做更详尽、更深入的研究，也未能就汉传因明做更多维度的考察，这意味着尚有一些工作留待未来去完成。首先，沿本书方向的后续工作计划大致有四个方面。

第一，日本学者对因明的逻辑研究。这方面的工作实际上早已开启，资料收集、整理以及初期的研究等工作都基本上完成。鉴于时间的关系，未能在论文中展现。

第二，汉传因明形式化研究的新方向：溯因推理模式。论文中对此有所评析，但未能充分展开。此部分将是下阶段的工作重点之一。

第三，非形式逻辑与汉传因明的比较研究。对于这个新的研究方向，可资借鉴的研究很少，与该方向相关的资料却很多。因此，本书只是做了一些前期的尝试性研究。后续的工作将集中于非形式逻辑与汉传因明在论证理论上的比较研究。

其次，下阶段的另一个工作重点将是对藏传因明的量论进行研究。这部分工作将有助于把握中国因明的全貌，也将与国外学者对因明所做的知识论研究保持同步。

参考文献

中文专著

（唐）慧立、彦悰：《大慈恩寺三藏法师传》，孙毓棠、谢方点校，中华书局1983年版。

（唐）窥基：《因明入正理论疏》，《大藏经》，第44册。

（唐）玄奘：《大唐西域记》，章撰点校，上海人民出版社1977年版。

阿旺旦增：《玉囊·阿旺旦增因明论文集》，民族出版社2012年版。

蔡曙山：《语言、逻辑与认知》，清华大学出版社2007年版。

陈波：《逻辑哲学导论》，中国人民大学出版社2000年版。

陈大齐：《实用理则学》，台北：远东图书公司1977年版。

陈大齐：《因明大疏蠡测》，中华书局2006年版。

陈大齐：《因明入正理论悟他门浅释》，台北：中华书局1970年版。

陈望道：《因明学概略》，中华书局2006年版。

杜国平：《经典逻辑与非经典逻辑基础》，高等教育出版社2006年版。

傅斯毅：《玄奘评传》，南京大学出版社2006年版。

霍韬晦：《佛家逻辑研究》，高雄：佛光出版社1979年版。

李润生：《因明"相违决定"的批判》（节选），载张曼涛主编《佛教逻辑与辩证法》，台北：大乘出版社1978年版。

梁启超：《论中国学术思想变迁之大势》，《饮冰室之合集》（2）：文集之七，中华书局1989年版。

梁启超：《墨子学案》，上海书店1992年版。

刘培育：《名辩与逻辑、因明的比较研究——百年回顾与思考》，载《逻辑研究文集——中国逻辑学会第六次代表大会暨学术讨论会论文集》，2000年版。

刘培育、周云之、董志铁编：《因明论文集》，甘肃人民出版社 1982 年版。
吕澂：《佛家辩证法》，载黄夏年主编《吕澂集》，中国社会科学出版社 1995 年版。
吕澂：《佛教逻辑——法称的因明说》，《吕澂佛学论著选集》（四），齐鲁书社 1991 年版。
吕澂：《因轮论图解》，《吕澂佛学论著选集》（一），齐鲁书社 1991 年版。
吕澂：《玄奘与印度佛学——从玄奘在印所著的三论说起》，载黄夏年主编《吕澂集》，中国社会科学出版社 1995 年版。
吕澂：《因明纲要》，中华书局 2006 年版。
吕澂：《因明入正理论讲解》，《吕澂佛学论著选集》（三），齐鲁书社 1991 年版。
吕澂：《因明入正理论讲解》，张春波整理，中华书局 1983 年版。
吕澂：《因明学说在中国的最初发展》，载刘培育、周云之、董志铁编《因明论文集》，甘肃人民出版社 1982 年版。
吕澂：《奘净两师所传的五科佛学》，载黄夏年主编《吕澂集》，中国社会科学出版社 1995 年版。
吕澂：《吕澂佛学论著选集》（四），齐鲁书社 1991 年版。
邱国权：《皮尔士的逻辑》，载江天骥主编《西方逻辑史研究》，人民出版社 1984 年版。
沈剑英：《佛家逻辑丛论》，甘肃民族出版社 2011 年版。
沈剑英：《佛家逻辑》，开明出版社 1992 年版。
沈剑英：《佛教逻辑研究》，上海古籍出版社 2013 年版。
沈剑英：《因明学研究》，中国大百科全书出版社 1985 年版。
石村：《因明二问》，载刘培育、周云之、董志铁编《因明论文集》，甘肃人民出版社 1982 年版。
石村：《因明述要》，中华书局 2006 年版。
释水月、许地山：《古因明要解#陈那以前中观派与瑜伽派之因明》，中华书局 2006 年版。
释印顺：《印度之佛教》，中华书局 2011 年版。
宋文坚：《逻辑学的传入与研究》，福建人民出版社 2005 年版。
宋文坚：《西方形式逻辑史》，中国社会科学出版社 1991 年版。

汤用彤：《汉魏两晋南北朝佛教史》，北京大学出版社 1997 年版。
汪奠基：《中国逻辑思想史》，上海人民出版社 1979 年版。
王森：《藏传因明》，中华书局 2009 年版。
王森：《玄奘法师所传之因明》，《藏传因明》，中华书局 2009 年版。
巫白慧：《印度哲学》，东方出版社 2000 年版。
巫寿康：《〈因明正理门论〉研究》，生活·读书·新知三联书店 1994 年版。
武宏志、张海燕：《论非形式逻辑的特性》，《法律方法》，山东人民出版社 2009 年版。
熊十力：《唯识学概论　因明大疏删注》，上海书店出版社 2008 年版。
许地山：《陈那以前的中观派与瑜伽派之因明》，中华书局 2006 年版。
许地山：《陈那以前之因明》，时代文艺出版社 2009 版。
杨廷福：《玄奘年谱》，上海古籍出版社 2011 年版。
姚南强：《因明论稿》，上海人民出版社 2013 年版。
佚名：《方便心论》，载《大藏经》，（后魏）吉伽夜译，第 32 册。
佚名：《如实论反质难品》，载《大藏经》，（陈）真谛译，第 32 册。
虞愚：《因明学》，载刘培育主编《虞愚文集》第 1 卷，甘肃人民出版社 1993 年版。
虞愚：《印度逻辑学》，载刘培育主编《虞愚文集》第 1 卷，甘肃人民出版社 1993 年版。
袁尚华：《归证——从哲学及逻辑之双重进路论因明之根本特质》，载张忠义、光泉、刚晓主编《因明新论》，中国藏学中心出版社 2006 年版。
张家龙主编：《逻辑学思想史》，湖南教育出版社 2004 年版。
张留华：《皮尔士哲学的逻辑面向》，上海人民出版社 2012 年版。
张忠义、光泉、刚晓主编：《因明新论》，中国藏学中心出版社 2006 年版。
张忠义、光泉主编：《因明》第二辑，甘肃民族出版社 2008 年版。
张忠义：《汉传因明蠡测》，人民出版社 2008 年版。
张忠义、张晓翔：《三支三物与证成》，燕山大学出版社 2012 年版。
张忠义：《中国逻辑对“必然地得出”的研究》，人民日报出版社 2006 年版。
章太炎：《原名》，载傅杰编校《章太炎学术史论集》，中国社会科学出版社 1997 年版。

章太炎:《诸子论学》,载朱维铮、姜义华编注《章太炎选集》,上海人民出版社 1981 年版。

章太炎:《自述学术次第》,载文明国编《章太炎自述》,人民日报出版社 2012 年版。

郑杰文:《20 世纪墨学研究史》,清华大学出版社 2002 年版。

郑伟宏:《佛教逻辑通论》,复旦大学出版社 1996 年版。

郑伟宏:《汉传佛教因明研究》,中华书局 2007 年版。

郑伟宏:《因明正理门论直解》,复旦大学出版社 1999 年版。

周文英:《中国逻辑思想史稿》,人民出版社 1979 年版。

朱水林:《形式化:现代逻辑的发展》,人民出版社 1987 年版。

[波兰] 卢卡西维茨:《亚里士多德的三段论》,李真、李先焜译,商务印书馆 1991 年版。

[德] 弗雷格:《弗雷格哲学论著选辑》,王路译,商务印书馆 1994 年版。

[德] 亨利希·肖尔兹:《简明逻辑史》,张家龙译,商务印书馆 1977 年版。

[俄] 舍尔巴茨基:《佛教逻辑》,宋立道、舒晓炜译,商务印书馆 2010 年版。

[日] 凤潭:《因明论疏瑞源记》四卷,支那内学院 1934 年版。

[日] 梶山雄一:《印度逻辑学的基本性质》,张春波译,商务印书馆 1980 年版。

[日] 武邑尚邦:《佛教逻辑学之研究》,顺真、何放译,中华书局 2010 年版。

[日] 武邑尚邦:《因明学的起源与发展》,杨金萍、肖平译,中华书局 2008 年版。

[日] 宇井伯寿等:《印度佛教思想史》,《中印佛教思想史》,释印海译,台北:华宇出版社 1985 年版。

[印度] 陈那:《集量论略解》,法尊译编,中国社会科学出版社 1982 年版。

[印度] 陈那:《集量论释略钞注》,吕澂译钞,《内学》第四辑。

[印度] 陈那:《因明正理门论本》,载《大藏经》,(唐)玄奘译,第 32 册。

［印度］陈那：《因明正理门论》，载《大藏经》，（唐）义净译，第32册。

［印度］法称：《正理一滴论》，王森译，《藏传因明》，中华书局2009年版。

［印度］弥勒：《菩萨地持经》，载《大藏经》，（北凉）昙无谶译，第30册。

［印度］弥勒：《瑜伽师地论》卷十五，载《大藏经》，（唐）玄奘译，第13册。

［印度］乔答摩：《正理经》，载姚卫群编译《古印度六派哲学经典》，商务印书馆2003年版。

［英］苏珊·哈克：《逻辑哲学》，罗毅译，张家龙校，商务印书馆2003年版。

［英］威廉·涅尔、玛莎·涅尔：《逻辑学的发展》，张家龙、洪汉鼎译，商务印书馆1985年版。

［英］亚瑟·柏林戴尔·凯思：《印度逻辑和原子论》，宋立道译，中国社会科学出版社2006年版。

中文期刊论文

董志铁：《日本大西祝〈论理学〉的翻译及其“因明篇”的影响》，《因明》第四辑，甘肃民族出版社2010年版。

傅光全：《逻辑的三次传入与汉传因明逻辑研究的转向》，《湖北大学学报》（人文社会科学版）2014年第3期。

傅光全：《形式化视野下的变项》，《中国社会科学院研究生院学报》2013年第6期。

傅斯毅：《玄奘法师〈制恶见论〉考》，《世界宗教研究》2011年第6期。

梁义民：《一个不固定的指示符：非形式逻辑的学科品性》，《浙江社会科学》2011年第7期。

吕澂：《略说经部学》，《现代佛学》1955年第12期。

倪梁康：《从现象学角度看佛教因明中的遮诠问题》，《逻辑学研究》2008年第1期。

阮松：《西方的非形式逻辑运动与我国逻辑学走向》，《南开学报》（哲学社会科学版）1996年第6期。

阮松：《再谈关于非形式逻辑的若干问题》，《晋阳学刊》1993 年第 5 期。
沈海波：《章太炎与因明学》，《湖北大学学报》（哲学社会科学版）1998 年第 1 期。
沈剑英：《论假言命题的特殊表述形式》，《社会科学战线》1984 年第 2 期。
沈剑英：《论因明之三种比量与简别方法》，《社会科学战线》1980 年第 4 期。
沈剑英：《论因明之喻》，《哲学研究》1984 年第 4 期。
沈剑英：《因明概论》，《复旦学报》（社会科学版）1990 年第 3 期。
沈剑英：《因明三论》，《社会科学战线》1986 年第 1 期。
王克喜：《从古代汉语透视中国古代的非形式逻辑》，《云南社会科学》2006 年第 4 期。
武宏志、刘春杰：《“非形式逻辑”的概念及其义理》，《青海师范大学学报》（哲学社会科学版）2004 年第 6 期。
武宏志、刘春杰：《论证研究的复兴》，《延安大学学报》（社会科学版）1998 年第 1 期。
武宏志：《论证的图尔敏模式》，《华南师范大学学报》（社会科学版）2003 年第 5 期。
杨化群：《为“因明”一词翻译的辩解——兼论藏文文献分类中的一个观点》，《西藏大学学报》（社会科学版）1993 年第 3 期。
姚南强：《论陈那三支式的逻辑本质》，《复旦学报》（社会科学版）1990 年第 6 期。
张忠义、淮芳：《第二相新解》，《南亚研究》2007 年第 2 期。
张忠义：《试论因明的三支论式》，《哲学研究》1989 年第 8 期。
张忠义、张家龙：《从现代逻辑观点看印度新因明三支论式》，《哲学研究》2008 年第 1 期。
赵利：《二十世纪非形式逻辑的发展》，《学术研究》2002 年第 11 期。
郑伟宏：《百年因明谁与评说》，《西南民族大学学报》（人文社会科学版）2010 年第 5 期。
郑伟宏：《汉传因明是解读印度新因明的钥匙》，《哲学研究》2007 年增刊。
郑伟宏：《再论同、异品除宗有法》，《西南民族大学学报》（人文社会科学版）2012 年第 11 期。

周强：《“非形式逻辑运动”的兴起与发展》，《东岳论丛》2011 年第 2 期。

庄朝晖：《一种基于同例和异例的溯因推理》，《厦门大学学报》（自然科学版）2008 年第 4 期。

庄朝晖：《因明论——一个基于事实的诱导推理系统》，《逻辑与认知》2003 年第 2 期。

［日］宇井伯寿：《〈正理门论〉〈入正理论〉与欧洲及印度的学者》，沈剑英、陈家麟译，《西藏研究》1993 年第 2 期。

外文专著

R. S. Y. Chi, *Buddhist Formal Logic*, London: The Royal Asiatic Society of Great Britain, 1969.

Richard P. Hayes, *Dignāga on the Interpretation of Signs*, Dordrecht: Kluwer Academic Publishers, 1988.

外文期刊论文

Alan Brinton, “The Logick of Isaac Watts”, in Douglas Wolton and Alan Brinton, eds., *Historical Foundations of Informal Logic*, Ashgate Publishing Ltd, 1997.

Alan R. Perreiah, “Forms of argumentation in medieval dialectic”, in Douglas Wolton and Alan Brinton, eds., *Historical Foundations of Informal Logic*, Ashgate Publishing Ltd, 1997.

Amita Chatterjee, “Buddhist Logic”, *The Development of Modern Logic*, edited by Leila Haaparanta, published by Oxford University Press, 2009.

Douglas Walton, “Alan Brinton. Introuduction”, in Douglas Wolton and Alan Brinton, eds., *Historical Foundations of Informal Logic*, Ashgate Publishing Ltd, 1997.

Ganeri, “Introduction: Indian logic and the Colonization of Reason”, in Jonardon Ganeri ed., *Indian Logic*, published by Cuzon Press, 2001.

Hans V. Hansen, “Mill on inference and fallacies”, in Douglas Wolton and Alan Brinton, eds., *Historical Foundations of Informal Logic*, Ashgate Publishing Ltd, 1997.

Hud Hudson, "Kant and informal logic", in Douglas Wolton and Alan Brinton, eds., *Historical Foundations of Informal Logic*, Ashgate Publishing Ltd, 1997.

J. F. Staal, "The Concept of Pakṣa in Indian Logic", in Jonardon Ganeri ed., *Indian Logic*, published by Cuzon Press, 2001.

James Benjamin, "The roots of informal logic in Plato", in Douglas Wolton and Alan Brinton, eds., *Historical Foundations of Informal Logic*, Ashgate Publishing Ltd, 1997.

Jiang wu, "Buddhist Logic and Apologetics in 17 th CenturyChina: an Analysis of the Use of Buddhist Syllogisms in an Anti-Christian Polemic", *Dao: A Journal of Comparative Philosophy*, by Global Scholarly Publications., June 2003, Vol. II, No. 2.

John Poulakos, "The logic of Greek sophistry", in Douglas Wolton and Alan Brinton, eds., *Historical Foundations of Informal Logic*, Ashgate Publishing Ltd, 1997.

Johnson, Blair, "Informal Logic in the twentieth century", in Douglas Wolton and Alan Brinton, eds., *Historical Foundations of Informal Logic*, Ashgate Publishing Ltd, 1997.

Johnson, Ralph H., "The Relation between Formal and Informal Logic", *Argumentation* (13), Kluwer Academic Publishers, 1999.

Johnson, " Making Sense of 'Informal Logic' ", *Informal Logic*, Vol. 26, No. 3, 2006.

Kit Fine, "The Role of Variables", T*he Journal of Philosophy*, Vol. c, No. 12, 2003.

Max Müller, "On Indian Logic", in Jonardon Ganeri ed., *Indian Logic*, published by Cuzon Press, 2001.

Mohanty, Chatterjee, "Indian Logic", *The Development of Modern Logic*, edited by Leila Haaparanta, published by Oxford University Press, 2009.

Nandle, "A note on the Indian Syllogism", in Jonardon Ganeri ed., *Indian Logic*, published by Cuzon Press, 2001.

Pamela Huby, "Aristotle and informal logic", in Douglas Wolton and Alan

Brinton, eds. , *Historical Foundations of Informal Logic*, Ashgate Publishing Ltd, 1997.

R. Lance Factor, "What is the 'logic' in Buddhist logic?", *Philosophy East and West*, Vol. 33, 1983.

Raymie E. McKerrow, "Whately and the study of fallacious reasoning", in Douglas Wolton and Alan Brinton, eds. , *Historical Foundations of Informal Logic*, Ashgate Publishing Ltd, 1997.

Rob Grootendorst, "Jeremy Bentham's Handbook of Political Fallacies", in Douglas Wolton and Alan Brinton, eds. , *Historical Foundations of Informal Logic*, Ashgate Publishing Ltd, 1997.

Russel Wahl, "The Port Royal Logic", in Douglas Wolton and Alan Brinton, eds. , *Historical Foundations of Informal Logic*, Ashgate Publishing Ltd, 1997.

Schayer, "on the method of research into Nyāya", translated by Joerg Tuske, in Jonardon Ganeri ed. , *Indian Logic*, published by Cuzon Press, 2001.

Schayer, "Studies in Indian logic", translated by Joerg Tuske, in Jonardon Ganeri ed. , *Indian Logic*, published by Cuzon Press, 2001.

索　　引

H

J

K

L

M

N

S

T

W

X

Y

Z

后　　记

三年前，仲秋时节，告别亲人，远离故土，北上求学。其时其景，宛若昨天。不曾想，千日光阴，转眼即逝。如今夏阳当空之际，却成彻底告别学生生涯之时。回首往事，思绪万千，难以心静。执笔四顾，一时默然，竟不知从何说起。踌躇多时，终于决定：自源头始，所言从简，感激之情，任由心生。

沈剑英、祁顺来两位先生的大作引我入因明之门，我的导师刘培育先生带我踏上因明研究之路。又得众多老师、同学、朋友、亲人之助，方有今日谈论因明之本。不敢妄言大成，却也难掩收获。曾反复自问：若没有你们，我焉能走到今天？

刘培育先生，于我而言，既是严师亦似慈父。论文题目之确定，文献资料之选择，论文框架之设置，研究方法之选用，无不从大处着眼小处入手。其远见卓识，屡有显露，令我受益良多。论文写作期间，每遇瓶颈，与先生一谈，常有豁然开朗之感。至今思之，仍觉奇怪。观当今学界，浮躁、功利之气弥漫，寻一方净土，难！先生为我提供一处净室，让我能自由思考，专注于学问。虽因本人愚笨，未能有大的突破，却也屡有小的收获。人生得此际遇，夫复何求？同学闻之，每表羡慕之情，令我更添幸福之感。

学术重于生活，抑或相反？孰轻孰重之说，即已失衡。作为地球之人，生存之道是根本。学术之人亦地球人，焉能不食人间烟火？不为生活所困、所迷，方能成为学术之人，此一般之理，或不能用于圣贤，却颇适用于我。求学期间，屡有生活之事烦神，幸有先生之助。其中细节，旁人或许不知，受者却心知肚明。总而言之，能成为先生之学生，是我一生的荣幸。

仔细回想，这一路走来，每遇困难，总有老师或同学或朋友相助，令我颇多感慨。帮我助我之人如此之多，写此后记之时间又紧，只能匆匆罗列，略表感恩之情。如有挂一漏万之处，只能请求宽容一笑。

首先感谢哲学所逻辑室的张家龙、张尚水、诸葛殷同、周云之、金顺福、邹崇理等老师对晚辈的提携与厚爱，也要感谢我的硕士生导师王克喜老师以及逻辑室的刘新文、胡义昭、夏素敏老师，尽管方式不一，但你们都曾帮助过我。尤其要感谢亦师亦友的杜国平老师，您所给予的指导、关心和帮助，一言难尽！

特别感谢张璐和贾青，你们都曾在我困惑之时、紧张之时给予过许多帮助。也感谢我的几位师弟、师妹：石运宝、崔佳悦、温雪、祝瑞、赵曼，与你们在一起的轻松、快乐之感，让我忘记了压力，也不再感到困惑。

还要特别感谢我的室友干保住，你的成熟和稳重、隐忍和细致，让我在研究生院的三年生活平静而温暖。感谢哲学系的好友孙震、陈张壮、冯燕、刘祝环、车镶、文贵全、庄宁、张硕、邵艳梅，也要感谢外系的好友崔明逊、孙帮俊等。和你们一起讨论、一起运动都是特别开心的事。谢谢你们给我的关心和欢乐。同样要感谢我的好友陈晓华博士，曾给予过无法用次数来衡量的帮助。

最后要特别感谢的是我的家人，没有你们的支持和鼓励，我实在无法想象能够如期毕业。

注：上文完成于论文定稿之际（即 2014 年），至今已逾六载。重读旧文，感激之心、感悟之言依旧，故除个别地方有所修改之外，其余保留原样。此外，尽管笔者对于博士学位论文中某些观点持有新的看法，但此次并不打算修改，原因很简单，正确和错误并存是研究中的常态，修订或补充的工作可以在后续的研究中完成。最后，令我非常伤感的是，拙作即将出版之时，一直作为我精神支柱的母亲却已离我远去，奈何！谨以此作献给我那天堂中的母亲——刘香娇！

傅光全

2021 年 12 月